はじめに

農業委員会は、平成30（２０１８）年10月で全国すべての農業委員会が新制度に移行しました。新制度では、農業委員の選出方法や定数の見直し、農地利用最適化推進委員が新設され、農業委員会の重点業務として「農地利用の最適化」の推進が掲げられましたが、農業委員会は、地域から選ばれた農業者を中心とする「農業・農村の声を代表する組織」であることには変わりはなく、農業委員会の主たる目的はこれまでと同様に「地域農業守り、活かす」です。

知のように、これまでも、農業委員会組織域の農地と担い手を守り活かす運動」の柱して耕作放棄地発生防止・解消活動に取きました。全国農業会議所・全国農業新成20（２００８）～平成29（２０１７）「農業・農村現場において耕作放棄地の発生防止・解消活動を展開する団体等で、その取り組みや成果が他の模範となる者を顕彰し広く普及することにより、今後の耕作放棄地の対策の促進に寄与」することを目的とした「耕作放棄地発生防止・解消活動表彰事業」に第１回から第10回まで取り組み、受賞団体組織の活動実績については、毎回、『耕作放棄地解消活動事例集（Ｖｏｌ．１～10）』を刊行し、第１回～第５回（平成20～24年度）までの優良表彰事例については、『全国農業図書ブックレット№９これからの遊休農地対策の方向』としてまとめ、刊行してきました。

　では、なぜ本書の刊行かというと、それは、耕作放棄地発生防止・解消活動の重要性を改めて認識すると同時に、なぜ、いま、農業委員会の重点業務として「農地利用の最適化」の取り組みが求められているか、その背景と枠組みの認識を深め、これまでの遊休農地対策と荒廃農地再生利用の優良事例に学び、農地利用最適化にむけた遊休農地対策のポイントを明らかにしておくためです。

したがって、本書では、まず、第一に、この間、全国的な広がりをもって増加してきた耕作放棄地の発生原因、荒廃農地再生利用上の課題等を取り上げ、耕作放棄地をめぐる状況を概観したうえで、行政上の遊休農地対策に関わる農業委員会活動の位置付け、法令業務の内容、荒廃農地再生利用組織に対する支援措置等、遊休農地の発生防止・解消対策の枠組みについて、その概要を示しておきます（Ⅰ　**耕作放棄地をめぐる状況と遊休農地対策の枠組み**）。

つぎに、第二に、まず、全国農業会議所・全国農業新聞主催の表彰事業の概要を示したうえで、同表彰事業で受賞した団体組織（以下、受賞組織）の活動状況（活動主体・活動内容・活動実績）を分析し、荒廃農地の再生・有効活用の取り組みがどの様にすすめられたか、そして、その取り組みが地域活性化とどの様に結びついたか、といった点について概観しておきます（Ⅱ　**荒廃農地の再生・有効活用と地域活性化の取り組み**）。

そして、第三に、以上の受賞組織の活動状況に関する分析結果を踏まえ、遊休農地対策のいわば中心となる耕作放棄地発生防止・解消活動の実施にあたり、留意しなければならない点について、上位受賞組織の模範とすべき優良事例から学ぶべき活動ポイントをより具体的に示しておくことにしました（Ⅲ　**優良事例に学ぶ遊休農地対策～耕作放棄地発生防止・解消活動のポイント～**）。

全国農業会議所・全国農業新聞主催
「耕作放棄地発生防止・解消活動表彰事業」
中央審査委員会会長
明治大学名誉教授　井上　和衛

目次

Ⅲ　優良事例に学ぶ遊休農地対策〜耕作放棄地発生防止・解消活動のポイント〜

I 耕作放棄地をめぐる状況と遊休農地対策の枠組み

1 耕作放棄地をめぐる状況

農地の減少、耕作放棄地の増加

まず、1960年代の高度経済成長期以降の大都市への人口集中、農村人口の流出・減少、とりわけ、貿易自由化、経済の国際化・グローバル化が急速にすすんだ80年代後半以降、今日に至る過程で、いかに農地の減少、耕作放棄地の増加がすすんだか、その状況を確認しておきます。

わが国の農地面積は、1962（昭和37）年から2015（平成27）年の54年間に約108万《ヘクタル》が農用地開発や干拓などで拡張された一方、工場用地や道路、宅地などへの転用や耕作放棄地などにより267万《ヘクタル》潰廃（かいはい）し、ピークだった1961年には609万《ヘクタル》でしたが、2015年には450万《ヘクタル》、そして17年には444万《ヘクタル》へと減少しました。この間、耕作放棄地は、農林水産省「農林業センサス」によると、1980年には12・3万《ヘクタル》でしたが、90年21・7万《ヘクタル》、2000年34・3万《ヘクタル》、10年39・6万《ヘクタル》、15年42・3万《ヘクタル》へと増加しています（**表I－1**参照）。

耕作放棄地の解消は国民的課題

要するに、1985（昭和60）年のプラザ合意に基づく日米貿易摩擦解消のための「経済構造調整」を経て、80年代後半以降、高度経済成長期以来継続してきた大都市への人口集中、地域農業の衰退がさらにすすみ、中山間地域など条件不利地域では過疎化が進行し、耕作放棄地は増加の一途を辿ってきました。世界の食料需給がひっ迫する可能性が増大する中で、耕作放棄地が増加していることは、農業生産にとって最も基礎的な資源である農地が失われていることであり、耕作放棄地の発生防止・解消活動は、まさに喫緊を要する課題であり、国民的課題になったといわなければなりません。

表Ⅰ－1　農地面積および耕作放棄地面積の推移

(1) 農地面積の推移　　（万 ha）

年次	1961	1975	1990	2005	2010	2016	2017
面積	609	557	524	469	459	449	444

資料：農水省「耕地及び作付面積統計」

(2) 耕作放棄地面積の推移　　（万 ha）

年次	1975	1990	2005	2010	2015
面積	13.1	21.7	38.6	39.6	42.3

資料：農水省「農林業センサス」

ちなみに、２０１７（平成29）年、国連が発表した「国連世界食糧計画」によると、世界の飢餓人口（最低の体重を維持し、軽度の活動を行うのに必要な熱量を摂取できない飢餓化した人々の数）は8億１５００万人であり、そうした状況下で、２０１６年現在の世界人口は76億人ですが、国連発表の世界人口予測によると、２０３０年86億人、２０５０年98億人と著しい増加が見込まれており、世界的な食料需給のひっ迫が危惧されています。これまでのように、足りなければ、外国から輸入すればよいといった安易な考えではいられない時代に入ってきました。

わが国の食料自給率（カロリーベース。以下同じ）は、１９６０年には79％でしたが、以後、急速に低下し、２０１０年には40％を下回る先進国中最低の39％といった状態に落ち込み、異常な食料自給率の低下をきたしています。したがって、２０１０年、民主党政権下で閣議決定された「食料・農業・農村基本計画」では、2020年目標の食料自給率を50％としましたが、政権復帰した自公政権では、現状では、2020年目標50％へ引き上げは難しいと判断し、2015年の見直しで2025年度目標が45％に引き下げられました。

しかし、2018（平成30）年8月8日、農林水産省が公表した「平成29年度食料自給率・食料自給力指標について」によると、2017年度の食料自給率は38％で、過去2番目に低い水準であり、依然として食料自給率向上の兆しは見られず、このまま推移するならば、2025年度目標45％の達成は極めて難しい状態です。食料自給率の低下は、いうまでもなく、基幹的農業従事者の大幅な減少、農地の減少など、生産基盤の脆弱化によるものです。

したがって、農業生産基盤の維持・強化を図る耕作放棄地の発生防止・解消、荒廃農地の再生利用は、まさに国民的課題であるといわなければなりませんが、近年、耕作放棄地の増加、荒廃農地の広がりによって、国土保全、水源涵養、里地・里山の生物多様性維持、景観維持等々、農業・農村の多面的機能が低下し、土砂崩れや水害など、自然災害、野生鳥獣被害の多発、さらに、産廃や家庭ゴミ等の不法投棄にもつながっています。

すなわち、耕作放棄地の発生防止・解消活動、遊休農地対策は、単に食料自給率向上というだけでなく、安全・安心な食料確保、住みよい生活環境の維持、食育や農業体験、グリーン・ツーリズムなどの余暇活動の場の確保といった観点からも、国民的課題として捉えておく必要があります。

耕作放棄地の発生原因と対策

国民的課題である「耕作放棄地解消」「荒廃農地再生利用」を図るための有効な遊休農地対策をすすめていくにあたっては、耕作放棄地の発生原因や荒廃状況、権利関係、再生利用の引き受け手

（周辺農家、農業法人、参入企業など）の態様は、それぞれの地域で様々なので、各地域での遊休農地対策の具体的な取り組みは、再生利用の引き受け手をどうするか、作物をどうするか、土地条件はどうかなど、それぞれの地域の実態や特性に応じたきめ細かな対応が必要となります。

そこで、耕作放棄地の直接的な発生原因について、全国農業会議所が行った農業委員を対象としたアンケート調査「地域における担い手・農地利用・遊休農地の実態と農地の利用集積等についての農業委員調査」の結果をみておきますと、耕作放棄地の発生原因として多かった回答項目は「高齢化・労働力不足」「価格の低迷」「農地の受け手がいない」「基盤整備が進んでいない」「土地条件が悪い」「鳥獣害が多い」でした。

また、農林水産省農村振興局が全市町村を対象に行った調査「耕作放棄地に関する意向及び実態把握調査」の結果をみますと、全国農業会議所の

表Ⅰ－2 耕作放棄地発生原因

(1) 農林水産省農村振興局「耕作放棄に関する意向及び実態把握調査」（平成26年）

発生原因項目（主要１項目回答）	回答割合(%)
① 基盤整備がされていない	6
② 傾斜地、湿田等自然条件が悪い	11
③ 高齢化・労働力不足	23
④ 地域内に引き受け手がいない	3
⑤ 離農	2
⑥ 資産的保有意識が高く、農地を貸したがらない	5
⑦ 土地持ち非農家の増加	16
⑧ 不在村地主の農家	6
⑨ 農産物価格の低迷	15
⑩ 収益の上がる作物がない	6
⑪ 米生産調整の際の適当な代替作物がない	2
⑫ かんきつ園地転換の際の適当な代替作物がない	5

(2) 全国農業会議所「担い手・農地利用・遊休農地の実態と農地の利用集積等の調査」（平成14年）

発生原因（複数項目回答）	回答割合(%)
① 高齢化・労働力不足	88.0
② 価格の低迷	43.4
③ 農地の受け手がいない	26.5
④ 生産調整で不作付け	24.1
⑤ 基盤整備が進んでいない	22.9
⑥ 土地条件が悪い	22.0
⑦ 基幹作物がない	18.9
⑧ 鳥獣害が多い	17.7
⑨ その他	3.9

調査結果と同様に、多かった回答項目は都市部や平地、中山間など農業地域区分に関わりなく、「高齢化、労働力不足」「土地持ち非農家の増加」「農産物価格の低迷」「収益の上がる作物がない」ですが、中山間地域に際立って多かった回答では、「傾斜地、湿田等自然条件が悪い」「かんきつ園地転換の際の適当な代替作物がない」でした（表Ⅰ－2参照）。

すなわち、遊休農地対策の具体的な取り組みにあたって、考慮しなければならない事項は、一般的には「担い手の確保・育成」「新規作物の導入」「地域特産農産物の生産拡大」「基盤整備の促進」「農地の有効活用・利用集積」などが挙げられますが、それには各地域の実情に即した耕作放棄地の発生原因や利用意向など、より具体的な実態把握が重要なポイントとなります。

2 遊休農地対策の枠組み

農業委員会の役割

政府は、「食料・農業・農村基本計画」で「農業者等が行う、荒廃農地を再生利用する取り組みを推進するとともに、農地法に基づく農業委員会による利用意向調査、指導等の一連の手続きを活用して再生利用可能な荒廃農地の農地中間管理機構への利用権設定をすすめることにより、荒廃農地の発生防止と解消に努める」とし、農業委員会は、農地法に基づく法令業務として遊休農地対策に関する業務を担うことになっています。

また、平成28（２０１６）年4月1日から施行された改正農業委員会法では、「農地利用の最適

図Ⅰ－1　農地法に基づく遊休農地に関する措置の概要

●農業委員会が毎年1回、農地の利用状況を調査し、遊休農地の所有者等に対する意向調査を実施。
●意向どおり取り組みを行わない場合、農業委員会は、農地中間管理機構との協議を勧告し、最終的に都道府県知事の裁定により、同機構が農地中間管理権を取得できるよう措置。
●所有者が分からない遊休農地（共有地の場合は過半の持分を有する者が確知することができない場合）については、公示手続で対応。

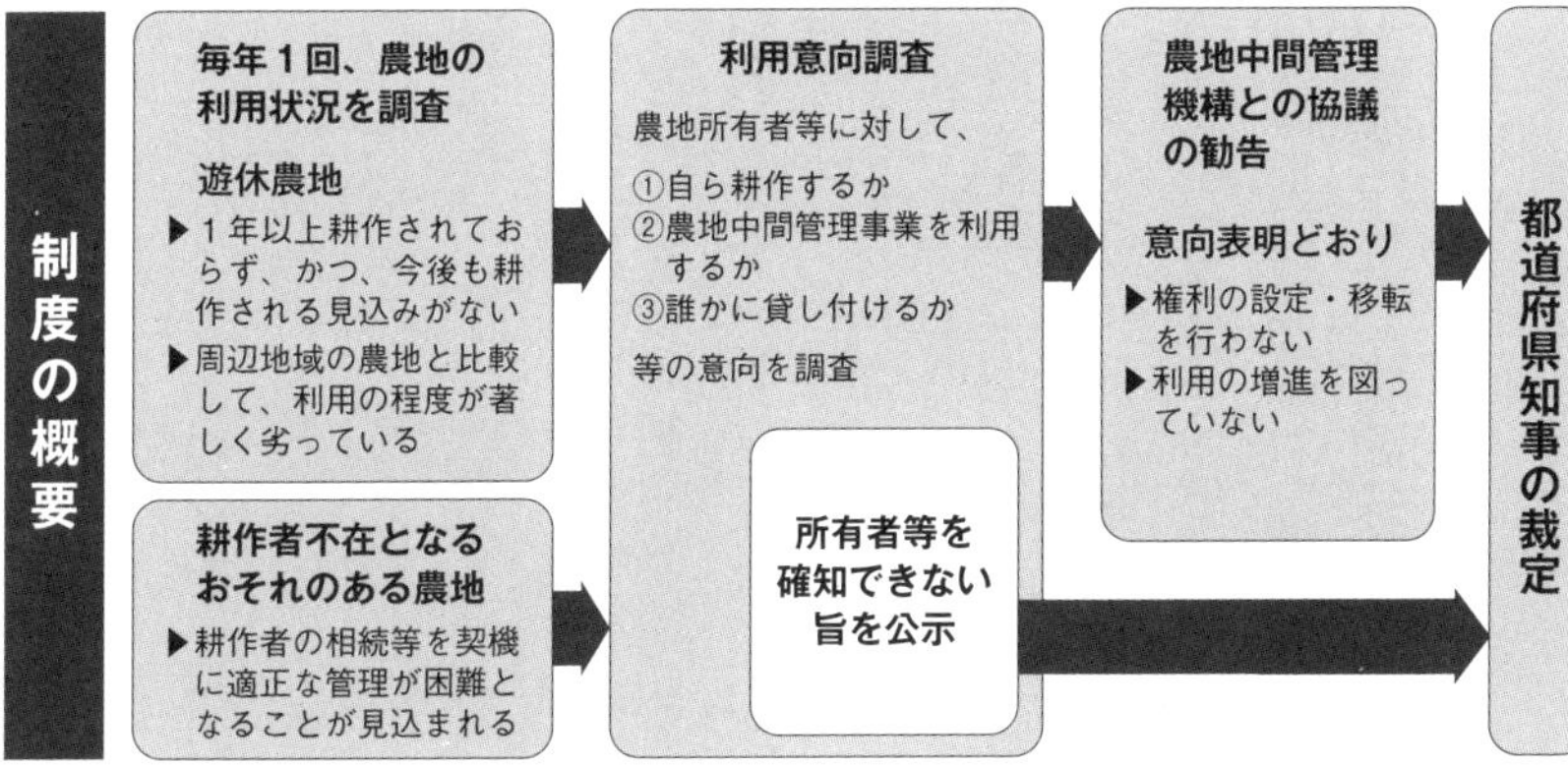
制度の概要
毎年1回、農地の利用状況を調査
遊休農地
▶1年以上耕作されておらず、かつ、今後も耕作される見込みがない
▶周辺地域の農地と比較して、利用の程度が著しく劣っている
耕作者不在となるおそれのある農地
▶耕作者の相続等を契機に適正な管理が困難となることが見込まれる
利用意向調査
農地所有者等に対して、
①自ら耕作するか
②農地中間管理事業を利用するか
③誰かに貸し付けるか
等の意向を調査
所有者等を確知できない旨を公示
農地中間管理機構との協議の勧告
意向表明どおり
▶権利の設定・移転を行わない
▶利用の増進を図っていない
都道府県知事の裁定

資料出所：農林水産省経営局農地政策課

化」が農業委員会の重点業務に位置付けられ、あわせて、農業委員に加え、担当地区ごとに農地の利用調整などの現場活動を担う「農地利用最適化推進委員」（推進委員）が新設されました。

農地法に基づく遊休農地対策

農業委員会が法令業務として行う遊休農地対策に関する業務は、「農地利用状況調査」「農地利用意向調査」「遊休農地に関する措置」であり、その内容は、つぎのとおりです（図Ⅰ－1参照）。

①農地利用状況調査

農業委員会は毎年1回（8月頃）、管内すべての農地の利用状況を調査しなければならない（農地法第30条）。調査は農地パトロールや荒廃農地調査と一体的に行い、調査にあたる農業委員や推進委員は、まずは目視で状況を確認する。遊休化している農地はさらに詳しく確認を行い、その状況を記録する。

②農地利用意向調査

農業委員会は農地利用状況調査の結果などを踏まえ、毎年11月末までに遊休農地の所有者などに対して農地の利用意向調査を行う。同調査は、遊休農地の所有者などに対し、「農地中間管理機構に農地を貸したい」「自ら農地の受け手を探して農地を売りたい」「耕作を開始したい」などの利用意向調査を書面（所定様式）により行う（農地法施行規則第74条）。

③遊休農地に関する措置

所有者などが意向通りに取り組みを行わない場合、農業委員会は農地中間管理機構との協議を勧告し（農地法第36条）、最終的には、都道府県知事の裁定により同機構が農地中間管理権を取得できるよう措置する。なお、平成25（2013）年の農地法改正により、遊休農地対策が強化され、すでに耕作放棄地となっている農地のほか、耕作していた所有者の死亡等により、耕作放棄地となるおそれのある農地（耕作放棄地予備軍）も対策の対象となりました。

耕作放棄地・遊休農地・荒廃農地の定義

ところで、耕作がなされず放置された農地の呼び方には、すでに記述してきたように、「耕作放棄地」「遊休農地」「荒廃農地」などがあります。そこで、混乱を避けるために、ここで「耕作放棄地」「遊休農地」「荒廃農地」の定義について説明しておくと、つぎのとおりです。

● 「耕作放棄地」は、農林水産省が5年ごとに実施している「農林業センサス」で使用しているもので、耕作放棄地とは、「以前耕作していた土地で、過去1年以上作物を作付けせず、この数年の間に再び作付けする考えのない土地」と定義している用語であり、農家など調査対象者の自己申告によるもので、場所が特定されていません（「主観ベース」）。

●**「遊休農地」**は、農地法第32条第1項第1号および第2号で定義されている用語で、「1号遊休農地」と「2号遊休農地」とがあり、**1号遊休農地**とは、「現に耕作の目的に供されておらず、かつ、引き続き耕作の目的に供されないと見込まれる農地」、**2号遊休農地**とは、「その農業上の利用の程度が周辺の地域における農地の利用の程度に比し著しく劣っていると認められる農地」です。

●**「荒廃農地」**は、農林水産省所管の市町村と農業委員会が共同で行う「荒廃農地の発生・解消状況に関する調査要領」（農林水産省農村振興局長通知）で規定されている用語です。荒廃農地とは、「現に耕作に供されておらず、耕作の放棄により荒廃し、通常の農作業では作物の栽培が客観的に不可能となっている、つぎのいずれかに該当する農地」で、該当する農地とは、「①笹、葛の根が広がる植物が繁茂しており、地表部の草刈りのみでは作物の栽培が不可能な状態の農地」、「②木本性植物（高木、灌木、低木等）を除去しなければ作物の栽培が不可能な状態の農地」、「③竹、イタドリ等の多年生植物が著しく成長し繁茂する等により、作物の栽培が不可能な状態の農地」、「④樹体が枯死した上、つるが絡まる等により、作物の栽培が不可能な状態にある園地」、「⑤①から④までに掲げるもののほか、現場における聞き取り等から明らかに荒廃農地と判断される農地」であり、現地調査により把握された荒廃農地（「客観ベース」）は、再生利用が可能な荒廃農地（**A分類**）と再生利用が困難と見込まれる荒廃農地（**B分**

類）に区分されます。

【A分類荒廃農地】（再生利用が可能な荒廃農地）
　抜根、整地、区画整理、客土等により再生することにより、通常の農作業による耕作が可能となると見込まれる荒廃農地

【B分類荒廃農地】（再生利用が困難と見込まれる荒廃農地）
　森林の様相を呈しているなど農地に復元するための物理的な条件整備が著しく困難なもの、または周囲の状況からみて、その土地を農地として復元しても継続して利用することができないと見込まれるものに相当する荒廃農地

以上のように、耕作放棄地、遊休農地、荒廃農地は、それぞれ定義が違い、調査方法も異なりますので、それぞれの面積の大きさには違いがみられます。

ちなみに、平成27（2015）年「農林業センサス」の耕作放棄地面積は42・3万㌶ですが、平成28年の遊休農地は10・4万㌶（1号遊休農地9・8万㌶、2号遊休農地0・6万㌶）、平成28年「荒廃農地調査」による荒廃農地は28・1万㌶（実績値）で、うちA分類荒廃農地（再生利用が可能な荒廃農地）が9・8万㌶（実績）、B分類荒廃農地（再生利用が困難と見込まれる荒廃農地）が18・3万㌶です（図Ⅰ－2参照）。

「再生可能」農地と「再生困難」土地について

農林水産省経営局農地政策課が同省ホームページに掲載した「遊休農地の解消について」（平成30年10月4日更新）の中で示した「『再生可能』な農地と『再生困難』な土地について」による

図Ⅰ－２　農地の概念図－遊休農地、荒廃農地、耕作放棄地－

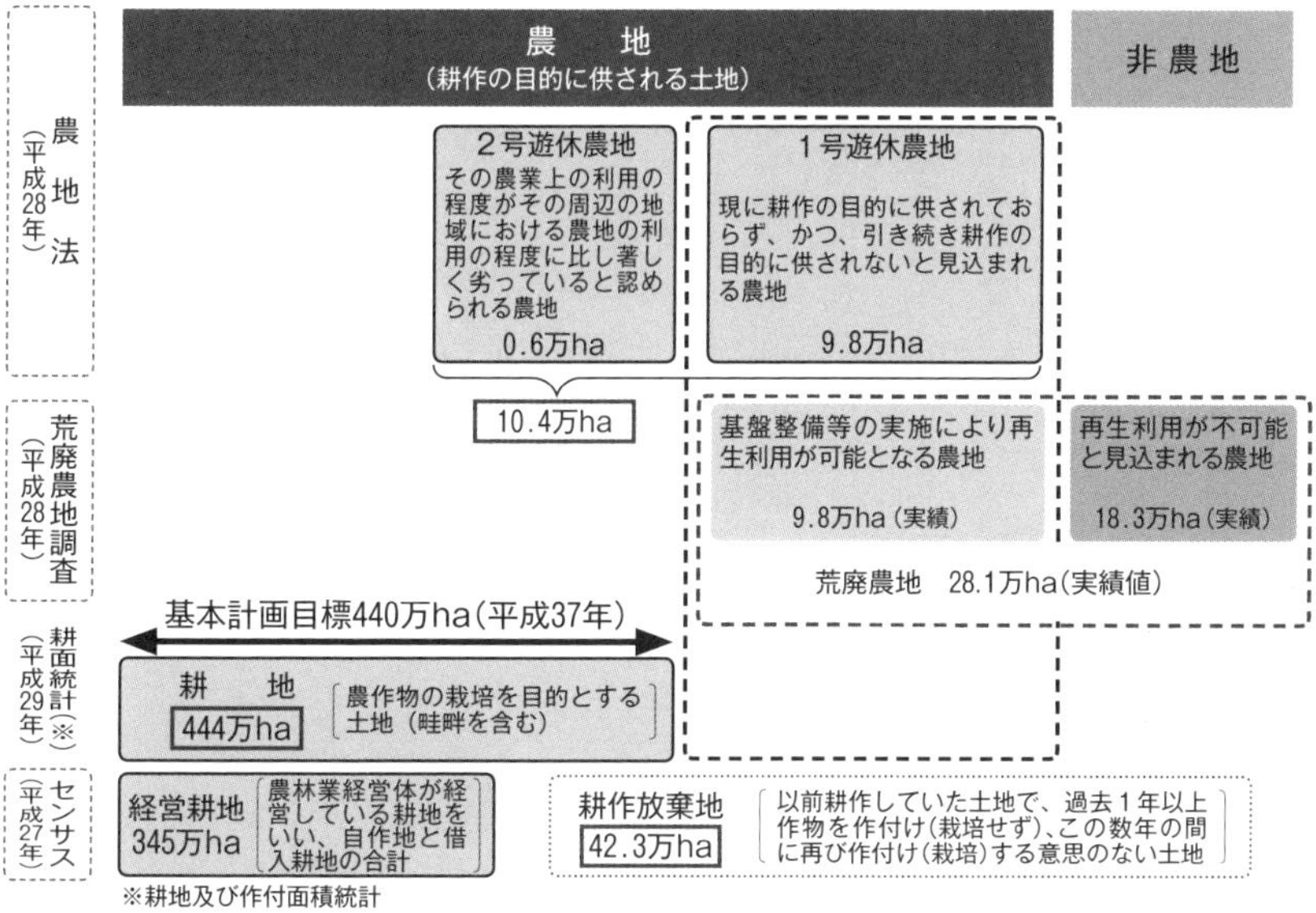

資料出所：全国農業会議所「農業委員会業務必携　2018年度（85号）」94頁

と、●農業委員会と市町村が合同で行う調査により、遊休農地を確認し、「再生可能」と「再生困難」に仕分け↓●「再生可能」な遊休農地は、農地中間管理機構への貸付けを誘導↓●農地として「再生困難」な土地は、農業委員会がすみやかに「非農地判断」とした上で、「再生可能」農地および「再生困難」土地の取り扱いを、つぎの手順および方法ですすめるとしています。

まず、「利用状況調査（農業委員会）」と「荒廃農地調査（市町村）」を合同で実施し、遊休農地を確認し、地域（集落）の話し合いを促進（地域に対して、「人・農地プラン」の作成・見直し推進の説明とあわせて農地中間管理機構の活用を促進）すると同時に、「再生可能」農地および「再生困難」土地に仕分けし、「再生可能」「再生困難」別に以下の措置をすすめるとしています。

「再生可能」農地の措置

2号遊休農地（荒廃農地には該当しないが低利用の農地）と1号遊休農地（再生利用を目指す荒廃農地）は、「農業委員会が利用意向調査を実施し、機構への貸付けを誘導」、「農業振興地域では機構が借り受け（借受希望者の募集に応じる者がいない区域は、この限りではない）→参入企業の積極誘致等による借受希望者の発掘等」、「所有者または集落の共同活動による保全管理」。

「再生困難」土地の措置

農地として再生を目指さない土地（草刈りや農業機械による耕起で作付けできる土地は該当しない）は、「農業委員会総会の決議によるすみやかな非農地判断→農地台帳の整理、所有者に対して非農地通知、法務局・市町村・都道府県に対して非農地通知一覧の送付」、「『農地以外の利用』の促進→里山、畜産、6次化施設、再生可能エネルギー施設など地域農業の振興につながる利用を優先検討」。

荒廃農地の再生利用に関する支援措置

農林水産省は、荒廃農地の再生利用に関する支援措置として、平成21（2009）年度から平成30（2018）年度まで「耕作放棄地再生利用緊急対策交付金事業」を実施し、そして、平成29（2017）年度から平成33（2021）年度までは「荒廃農地等利活用促進交付金事業」を実施しています。

「荒廃農地等利活用促進交付金事業」は、「農業者や農業者組織等、荒廃農地等を引き受けて作物生産を再開するために行う、再生作業、土壌改良、営農定着、加工・販売の試行、施設等の整備を総合的に支援」するもので、その対象者は「『人・農地プラン』の中心経営体等に位置付けられた農業者、農業者等が組織する団体（任意組織、法人組織、参入企業等）のほか、農地中間管理機構、農業協同組合等の農業団体」で、対象農地は、農振農用地区域内の1号遊休農地（荒廃農地〈A分類〉）、2号遊休農地であり、主な支援内容は、1号遊休農地（荒廃農地〈A分類〉）への支援は「再生利用活動」「施設等の整備」、2号遊休農地への支援は「発生防止活動」「連携事業」（荒廃農地等を活用して放牧事業に取り組む際に牧柵等を整備、2号遊休農地を対象として、農地中間管理機構が果樹の改植事業行う際に果樹棚等を整備）としています（詳しくは、農林水産省「荒廃農地の現状と対策について」平成29年7月を参照）。

〈メモ〉

Ⅱ 荒廃農地の再生・有効活用と地域活性化の取り組み

―全国農業会議所「耕作放棄地発生防止・解消活動表彰事業」結果―

つぎに、平成20（2008）年度から平成29（2017）年度まで10回にわたって実施した全国農業会議所・全国農業新聞主催「耕作放棄地発生防止・解消活動表彰事業」での受賞組織の活動状況（活動主体・活動内容・活動実績）を分析し、荒廃農地の再生・有効活用の取り組みがどの様にすすめられてきたか、そして、その取り組みが地域活性化とどの様に結びついたか、といった点について概観しておきます。

1 「耕作放棄地発生防止・解消活動表彰事業」の概要

事業実施の経緯

全国農業会議所・全国農業新聞主催「耕作放棄地発生防止・解消活動表彰事業」（平成20～29年度）は、「食料自給率の向上をめざす農業委員会組織の運動である『農地を活かし、担い手を応援する全国運動』推進の一環として、耕作放棄地発生防止・解消活動表彰事業を創設し、地域において耕作放棄地の発生防止・解消活動を展開している団体等で、その取り組みや成果が他の範となる者を顕彰し、広く普及することにより、今後の耕作放棄地対策の促進に資すること」を目的として実施されました。

本事業の「表彰対象」は、「概ね3年以上にわたり耕作放棄地発生防止・解消活動を実施している農用地利用改善団体、集落営農組織、農業委員会、ＪＡ、農業参入企業、ＮＰＯ法人、市町村農業公社、土地改良区、市町村等の活動主体（個人は対象としない）」とされ、「応募は自薦・他薦を問わず広く公募することとし、関係機関・団体の協力を得て事業ＰＲを実施」し、「応募申込者は応募申込書に必要事項を記入の上、関係資料を添付して都道府県農業会議に提出」とされました（添付資料1「本事業実施要領」90頁参照）。

表彰対象の審査方法は、まず、都道府県農業会議は、応募申込者（活動主体）の表彰を推薦する選考委員会を設置し、応募申込者を「農業委員会（分類1）」、「農業法人・農業参入企業（分類2）」、「その他（分類3）」に分類し、3つの活動主体分類ごとに最も優れた団体を選定し、全国農業会議所に設置した中央審査委員会に推薦する。ついで、全国農業会議所の中央審査委員会内に設置した小委員会が書類審査・現地審査を行い、複数点を各賞候補として中央審査委員会に推薦し、中央審査委員会は小委員会から推薦された複数点の候補から農林水産大臣賞1点、農村振興局長賞1点を決定し、なお、農林水産大臣賞、農村振興局長賞とは別に、全国農業会議所会長賞、全国農業新聞賞を交付することにし、全国農業会議所会長賞の中で特に優れたものがあれば、全国農業会議所会長特別賞を出すことにしました（本事業「実施要領」）。

審査結果

「表彰事業」（平成20～29年度・1回～10回）に

都道府県農業会議選考委員会から中央審査委員会に推薦され、中央審査委員会の審査対象となった団体組織数は262件で、活動主体分類別では、「農業委員会（分類1）」87件、「農業法人・農業参入企業（分類2）」73件、「その他（分類3）」102件でした。

審査は、すでに指摘した国民的な課題としての耕作放棄地発生防止・解消活動の意義を踏まえて決定した下記の「審査基準」に基づき実施しました。

審査の結果、受賞組

表Ⅱ－1　「耕作放棄地発生防止・解消活動表彰事業」（平成20～29年度）受賞種別活動主体分類別組織件数

単位：件

受賞種類	総数	活動主体分類別組織数		
		①農業委員会	②農業法人・農業参入企業	③その他
農林水産大臣賞	10	5	5	-
農村振興局長賞	10	3	5	2
全国農業会議所会長特別賞	20	9	8	3
全国農業会議所会長賞	60	18	21	21
全国農業新聞賞	162	52	34	76
計	262	87	73	102

耕作放棄地発生防止・解消活動表彰事業「審査基準」

① 耕作放棄地の発生防止・解消のための活動体制を整備し、啓発活動や実践活動を通じて地域の農地の利用促進等を継続的に図っていること（＝**活動体制、農地利用促進**）

② 耕作放棄地の発生防止・解消活動による成果として、担い手への農地利用集積等の実績を上げていること（＝**担い手への農地利用集積**）

③ 新規作物や地域特産物を導入する等により地域農業の発展に寄与していること（＝**新規作物・地域特産物導入**）

④ 耕作放棄地の発生防止・解消活動を契機として、農業体験活動や都市農村交流等が推進され、地域の活性化に結びついていること（＝**農業体験、都市農村交流、地域活性化**）

⑤ 地域の農業者や住民による活動により、農業・農村の有する多面的機能の適切かつ十分な発揮に結びついていること（＝**農業・農村の多面的機能の発揮**）

⑥ 飼料作物の生産や放牧利用、緑資源の確保等に結びついていること（＝**飼料作物生産、放牧利用、緑資源確保**）

⑦ その他、耕作放棄地の発生防止・解消に寄与していること

（「耕作放棄地発生防止・解消活動表彰事業実施要領」より）

織件数は、平成20年度から29年度までの全体で農林水産大臣賞10件、農村振興局長賞10件、全国農業会議所会長特別賞20件、全国農業会議所会長賞60件、全国農業新聞賞162件となりました。

活動主体分類別の受賞種別受賞組織件数は**表Ⅱ－1**に示すとおりであり、上位3賞についていえば、農林水産大臣賞は10件中「農業委員会」5件、「農業法人・農業参入企業」5件、また、農村振興局長賞は10件中「農業委員会」3件、「農業法人・農業参入企業」5件、「その他」2件、全国農業会議所会長特別賞は20件中「農業委員会」9件、「農業法人・農業参入企業」8件、「その他」3件でした（各年度の受賞種別受賞組織の組織名・所在地等については、添付資料2「耕作放棄地発生防止・解消活動表彰事業受賞組織一覧」92頁参照）。

2　受賞組織の活動状況

つぎに、「耕作放棄地発生防止・解消活動表彰事業」の受賞組織による耕作放棄地発生防止・解消活動の取り組みがどの様なものであったか、その特徴を示しておきます。

多様な活動主体

まず、受賞組織の活動主体としての特徴を指摘しておきます。

本事業への応募は、前述したように「概ね3年以上にわたり耕作放棄地発生防止・解消活動を実施している農用地利用改善団体、集落営農組織、農業委員会、ＪＡ、農業参入企業、ＮＰＯ法人、市町村農業公社、土地改良区、市町村等の活動主体（個人は対象としない）」で、応募団体の審査は、都道府県農業会議により「農業委員会（分類1）」、「農業法人、農業参入企業（分類2）」、「その他（分類3）」に分類され、3つの活動主体分類ごとに最も優れた団体として選定された団体組織が中央審査委員会に推薦され、審査対象となりました。

中央審査委員会の審査対象となった団体組織数は、全体（平成20～29年度・10回分）で262件で、活動主体分類別には、「農業委員会（分類1）」87件、「農業法人・農業参入企業（分類2）」73件、「その他（分類3）」102件でしたが、上位受賞100組織（農林水産大臣賞10組織、農村振興局長賞10組織、全国農業会議所会長特別賞20組織、全国農業会議所会長賞60組織）について、「農業法人・農業参入企業（分類2）」および「その他（分類3）」の具体的な活動主体をみておくと、**表Ⅱ－2－1**に示すように、「農業法人・農業参入企業（分類2）」の場合は、「農事組合法人」「農家出資型農業法人」「JA出資型農業法人」「農業参入企業法人」の4種類、また、「その他（分類3）」の場合は、「市町村」「市町村耕作放棄地対策協議会」「市町村農業公社」「農地利用集積円滑化団体」「農協」等の農業関連団体組織のほかに、NPO法人、社会福祉法人等の非農業法人、さらに、「集落営農・生産者組織」「地域住民組織」等の任意組織もみられ、その種類は全体で10種類にも及んでいます。

なお、「農業参入企業法人」の業種をみると、**表Ⅱ－2－2**に示すごとく、24件中8件が建設業、食品製造販売業が5件と、この2業種で過半を占め、さらに4件は耕作放棄地の再生利用により新規に起業した企業であり、残りの7件は、造園業、運送業、自動車販売業、青果物仲買業、求人情報誌発行企業、学校法人、学習塾が各1件といったように、きわめて多様な業種からの参入が認められ、さらに付け加えておくと、農業参入企業は、若干の例外はありましたが、その大部分が地元企業だったという特徴が指摘されます。

とにかく、この間、全国各地の市町村で行われてきた「耕作放棄地発生防止・解消活動」は、農業関係団体だけでなく、非農業関係団体をも含む多様な団体組織が取り組み、活動主体の特徴として、その多様性が指摘されます。その理由は、すでに述べたように、「耕作放棄地発生防止・解消」、「荒廃農地の再生利用」の取り組みにあたっては、

表Ⅱ－2－1
活動主体別受賞種別上位受賞組織件数
（平成 20 ～ 29 年度）

単位：件

活動主体分類別上位受賞組織	組織数	受賞種別			
		大臣賞	局長賞	会長特別賞	会長賞
会長賞以上受賞組織件数	100	10	10	20	60
1．農業委員会（分類1）	35	5	3	9	18
2．農業法人・農業参入企業（分類2）（計）	39	5	5	8	21
①農事組合法人	8	－	－	1	7
②農家出資型農業法人	1	－	－	1	－
③ JA 出資型農業法人	6	1	－	2	3
④農業参入企業法人	24	4	5	4	11
3．その他（分類3）（計）	26	－	2	3	21
①市町村	2	－	1	－	1
②耕作放棄地対策協議会	5	－	－	1	4
③市町村農業公社	4	－	－	－	4
④農地利用集積円滑化団体	1	－	－	－	1
⑤農協	1	－	－	－	1
⑥ NPO 法人	3	－	1	－	2
⑦社会福祉法人	1	－	－	－	1
⑧一般社団法人	1	－	－	1	－
⑨集落営農·生産者組織（任意）	3	－	－	－	3
⑩地域住民組織（任意）	5	－	－	1	4

（注）上位受賞組織は、農林水産大臣賞、農村振興局長賞、全国農業会議所会長特別賞および同会長賞の受賞組織。

表Ⅱ－2－2
上位受賞「農業参入企業法人」業種別件数
（平成 20 ～ 29 年度）

単位：件

活動主体分類別上位受賞組織	組織数	受賞種別			
		大臣賞	局長賞	会長特別賞	会長賞
農業参入企業法人	24	4	5	4	11
1．建設業	8	1	3	－	4
2．食品製造販売業	5	－	1	1	3
3．新規起業	4	1	－	－	3
4．その他（計）	7	2	－	3	2
①造園業	1	－	－	1	－
②運送業	1	－	－	1	－
③自動車販売業	1	1	－	－	－
④青果物仲買業	1	1	－	－	－
⑤求人情報誌発行等	1	－	－	1	－
⑥学校法人	1	－	－	－	1
⑦学習塾	1	－	－	－	1

当該地域の耕作放棄地の発生原因や荒廃状況、権利関係、再生利用の引き受け手（周辺農家、農業法人、参入企業など）の態様が多様であり、荒廃農地再生利用の担い手も多様なものとなります。

また、荒廃農地の再生利用形態についても、主要な利用形態は、「新規作物導入」「地域特産物導入」「農地利用集積」等々、地域農業の発展に寄与する利用だとしても、市民農園、学童農園（食育）、体験農園や都市農村交流等々、地域の活性化と結びついた利用形態、さらに、景観作物（菜種、向日葵）やビオトープ等々、農業・農村の多面的機能の維持の観点からの利用形態もみられ、そうした活動は、NPO法人や地域住民組織（任意）等々が活動主体として取り組んでいます。

したがって、「耕作放棄地発生防止・解消活動」は、以上のように、荒廃農地の再生利用主体や再生利用目的等々の違いによって、各地域の実態に即した多様な活動主体によって取り組まれてきました。

なお、「耕作放棄地発生防止・解消活動」の活動主体については、大別すると、2つの役割の異なるグループに分けてみておく必要があります。

その一つは、「農業委員会」「市町村」「耕作放棄地対策協議会」「農地利用集積円滑化団体」のように荒廃農地再生利用の直接的担い手ではなく、その役割が耕作放棄地発生防止・解消活動の推進・支援である、いわば「荒廃農地再生利用推進・支援団体」、略して「農地再生利用支援組織」とでも呼ぶべき団体組織であり、他の一つは、「農業法人・農業参入企業」「集落営農・生産者組織（任意）」「NPO法人」「地域住民組織（任意）」のように荒廃農地再生利用の直接的担い手であり、いわば「荒廃農地再生利用実践団体」、略して「農地再生利用実践組織」とでも呼ぶべき団体組織です。両者の活動内容は、当然、違ったものとなります。

多面的な活動目的・内容

そこで、つぎに、受賞組織の活動内容ですが、上位受賞組織（100件）について、活動目的・内容がどの様なものであったか、その様子を示すために、**表Ⅱ－3**を用意しました。この表は、受賞組織が取り組んだ活動の中に、審査基準に示された活動内容に関連した活動事項が含まれているか、否かをチェックし、関連した「活動事項あり」の件数（複数）を数えたものです。

具体的には、まず、審査基準に示された活動内容に関連した活動事項を「地域農業振興」「地域環境整備」「地域活性化」に大別し、ついで、「地域農業振興」関連事項については、その中身を「A農地利用集積、B地域特産物導入、C新規作物導入、D担い手育成、E新規農業参入、F飼料

表Ⅱ－3　活動主体別活動目的・内容別上位受賞組織件数
（平成20～29年度）

単位：件

活動主体分類別上位受賞組織	組織数	活動目的・内容（複数事項）															
		地域農業振興						地域環境整備				地域活性化					
		A	B	C	D	E	F	G	H	I	J	K	L	M	N	O	P
会長賞以上受賞組織件数	100	86	51	29	17	18	9	11	8	18	4	5	23	4	18	28	3
1．農業委員会	35	28	16	11	6	8	2	2	3	8	-	4	8	1	6	2	1
2．農業法人・農業参入企業	39	38	23	13	8	3	5	3	3	1	4	1	9	2	4	15	-
①農事組合法人	8	7	2	2	1	-	4	1	1	-	-	-	3	-	1	1	-
③ JA出資型農業法人	6	6	3	4	4	2	1	-	-	1	-	1	1	-	1	-	-
④農業参入企業法人	24	24	17	7	3	1	-	2	2	-	3	-	5	1	2	14	-
3．その他	26	20	12	5	3	7	2	6	2	9	-	-	6	1	8	11	2
①市町村	2	2	2	-	-	2	-	-	-	2	-	-	-	-	2	-	-
②耕作放棄地対策協議会	5	4	3	1	-	2	1	-	1	2	-	-	-	-	1	4	-
③市町村農業公社	4	4	3	1	1	-	-	-	-	-	-	-	1	-	1	1	1
⑥ NPO法人	3	1	-	-	-	1	-	2	-	2	-	-	2	-	1	1	1
⑨集落営農・生産者組織	3	2	1	1	-	-	1	1	-	-	-	-	-	-	-	1	-
⑩地域住民組織	5	4	2	1	-	1	-	3	1	2	-	-	3	-	2	3	-

（注）●「地域農業振興」：A → 農地利用集積、B → 地域特産物導入、C → 新規作物導入、D → 担い手育成、E → 新規農業参入、F → 飼料生産・放牧
●「地域環境整備」：G → 土地・水保全管理、H → 鳥獣害防止、I → 景観維持・形成、J → その他（農業・農村の多面的機能発揮）
●「地域活性化」：K → 市民農園、L → 食育・農業体験・学校農園、M → 農福連携、N → 観光・都市農村交流、O → 6次産業化（農商工連携）、P → その他
（2と3の①～⑩は、表Ⅱ－2－1の活動主体分類の番号で、それぞれ2と3の内数。以下同じ）

生産・放牧」の小項目に、また、「地域環境整備」関連事項については、同じく、その中身を「G土地・水保全管理、H鳥獣害防止、I景観維持・形成、Jその他（農業・農村の多面的機能発揮に関するもの）」の小項目に、そして、「地域活性化」関連事項については、「K市民農園、L食育・農業体験・学校農園、M農福連携、N観光・都市農村交流、O6次産業化、Pその他」の小項目に分類し、それぞれ仕分けした小項目を活動主体分類別にカウントしたものです（個々の上位受賞組織の活動事項については、添付資料3「活動主体分類別上位受賞組織の活動状況一覧」98頁参照）。

以下、受賞組織中に占める「活動事項あり」の小項目が何割あるか、その割合を活動主体別に示し、各活動主体の活動目的・内容について、それぞれの特徴を指摘しておきます（表Ⅱ－3　25頁参照）。

活動主体が「農業委員会」の場合

●「地域農業振興」関連＝「農地利用集積」8割、「地域特産物導入」4割、「新規作物導入」3割、「担い手育成」2割弱、「新規農業参入」2割強、「飼料生産・放牧」1割未満

●「地域環境整備」関連＝「土地・水保全管理」1割未満、「鳥獣害防止」1割未満、「景観維持・形成」2割強

●「地域活性化」関連＝「市民農園」1割、「食育・農業体験・学校農園」2割強、「農福連携」1割未満、「観光・都市農村交流」2割弱、「6次産業化」1割未満

すなわち、活動主体が「農業委員会」の場合は、「地域農業振興」関連では「農地利用集積」が8割、

「地域特産物導入」が４割、「新規作物導入」３割ですが、あとは１～３割ないし１割未満。また、「地域環境整備」関連では「景観維持・形成」が２割強で、あとは１割未満。そして、「地域活性化」関連では「食育・農業体験・学校農園」と「観光・都市農村交流」が２割前後で、あとは１割未満であり、とにかく、「地域農業振興」関連の「農地利用集積」「地域特産物導入」「新規作物導入」を除くと、他の活動目的・内容での取り組みはきわめて少ない点が指摘されます。

活動主体が「農業法人・農業参入企業」の場合

●「地域農業振興」関連＝「農地利用集積」10割弱、「地域特産物導入」６割弱、「新規作物導入」３割強、「担い手育成」２割、「新規農業参入」１割弱、「飼料生産・放牧」１割強

●「地域環境整備」関連＝「土地・水保全管理」１割未満、「鳥獣害防止」１割未満、「景観維持・形成」１割未満

●「地域活性化」関連＝「市民農園」１割未満、「食育・農業体験・学校農園」２割強、「農福連携」１割未満、「観光・都市農村交流」２割弱、「６次産業化」４割弱

すなわち、活動主体が「農業法人・農業参入企業」の場合は、「地域環境整備」関連ではすべて１割未満で、その取り組みはほぼゼロに近い状態ですが、「地域農業振興」関連では「農地利用集積」が10割弱、「地域特産物導入」が６割弱、「新規作物導入」が３割強、「担い手育成」が２割で、「地域農業振興」関連の取り組みが多く、「地域活性化」関連では「６次産業化」が４割弱である点に注目しておく必要があります。

なお、「農業法人・農業参入企業」の場合、「農

業法人・農業参入企業」の中の「JA出資型農業法人」と「農業参入企業法人」については、つぎのような状況となっています。

●**「JA出資型農業法人」**の場合は、受賞組織が6件で、「地域農業振興」関連では「農地利用集積」6件（10割）、「新規作物導入」4件（6・6割）、「担い手育成」4件（6・6割）ですが、「地域環境整備」および「地域活性化」関連は、「景観維持・形成」「市民農園」「食育・体験農業・学校農園」「観光・都市農村交流」が各1件でしかなく、「地域農業振興」に関連する活動に重点的に取り組んでいる状況がうかがえます。

●**「農業参入企業法人」**の場合は、受賞組織24件中「農地利用集積」24件（10割）、「地域特産物導入」17件（7割）で「地域農業振興」に関連する活動により重点的に取り組んでいると同時に、過半数が「6次産業化」に取り組んでいる状況が指摘されます。

活動主体が「その他」の場合

●**「地域農業振興」関連**＝「農地利用集積」8割弱、「地域特産物導入」5割弱、「新規作物導入」2割弱、「担い手育成」1割強、「新規農業参入」3割弱、「飼料生産・放牧」1割弱

●**「地域環境整備」関連**＝「土地・水保全管理」2割強、「鳥獣害防止」1割弱、「景観維持・形成」3割強

●**「地域活性化」関連**＝「食育・農業体験・学校農園」2割強、「農福連携」1割未満、「観光・都市農村交流」3割、「6次産業化」4割強

すなわち、活動主体が「その他」の場合は、「農業委員会」と同じ「農地再生利用支援組織」の「市町村」「耕作放棄地対策協議会」、また、「農業法人・農業参入企業」と同じ「農地再生利用実践組織」の「集落営農・生産者組織（任意）」、さらに、同じ「農地再生利用実践組織」であっても、主に「地域環境整備」関連の活動に取り組む「NPO法人」や「地域住民組織（任意）」のような性格の異なる団体組織で構成されているので、それぞれの特徴が反映しているために、上記のような活動状況になっているものと判断されます。

活動実績（その1）―『活動エリア』は中山間から平地、都市的地域へ

さて、つぎに、上位受賞組織の活動実績ですが、まず、受賞組織の『活動エリア』をみておきます。

活動エリアについては、農林水産省統計で使用の農業地域類型区分（都市的地域、平地農業地域、中間農業地域、山間農業地域）注のどの地域で活動しているか、その特徴を指摘しておくことにします。

（注）農業地域類型区分は「地域農業の構造を規定する基礎的な条件（耕地や林野面積の割合、農地の傾斜度等）に基づき旧市町村を区分したもの」。詳しくは、農林水産省「食料・農業・農村白書、参考統計・基本統計用語等」参照。

農業地域類型区分は、昭和25（1950）年2月1日時点での市町村単位の区分なので、市町村合併後の現在の市町村には、異なる区分の2つ以上の農業地域が含まれている場合が多く、したがって、受賞組織の活動エリアも異なる区分の2つ以上の農業地域に及ぶことになります。とくに、市町村単位の組織である「農業委員会」「耕作放棄地対策協議会」「市町村」「市町村農業公社」等の場合は、活動エリアが農業地域類型区分で区分

表Ⅱ－4　活動主体別活動エリア別上位受賞組織件数（平成20～29年度）

単位：件

活動主体分類別 上位受賞組織	組織数	活動エリア（農業地域類型区分）注				平均活動 農業地域 区分数
		都市的 地域	平地 農業地域	中間 農業地域	山間 農業地域	
会長賞以上受賞組織件数	100	15	34	64	40	1.5
1．農業委員会	35	6	16	19	15	1.6
2．農業法人・農業参入企業	39	5	10	28	17	1.5
①農事組合法人	8	－	2	6	3	1.3
③ JA 出資型農業法人	6	1	1	5	2	1.5
④農業参入企業法人	24	4	6	16	12	1.5
3．その他	26	4	8	17	8	1.4
①市町村	2	－	－	2	2	2.0
②耕作放棄地対策協議会	5	－	3	4	2	1.8
③市町村農業公社	4	2	1	2	2	1.5
⑥ NPO 法人	3	－	1	2	－	1.0
⑨集落営農・生産者組織	3	－	1	2	1	1.0
⑩地域住民組織	5	－	1	3	1	1.0

（注）農林水産省統計で使用の農業地域類型区分。活動エリアは複数の異なる区分の農業地域に及ぶ

された複数の農業地域に及んでいます。

ちなみに、農業地域区分別活動エリア数は、**表Ⅱ－4**に示すように、上位受賞組織全体平均では1.5ですが、活動主体別では、「農業委員会」1.6、「市町村」2.0、「耕作放棄地対策協議会」1.8となり、逆に、「農事組合法人」は1.3で、「NPO法人」「集落営農・生産者組織（任意）」「地域住民組織（任意）」は各1.0です。

そして、上位受賞組織が活動している農業地域類型区分別活動エリアについては、多い順に並べてみると、つぎのとおりです。

- ●**全体**では、「中間農業地域」64％、「山間農業地域」40％、「平地農業地域」35％、「都市的地域」14％
- ●**活動主体別**では、**農業委員会**は、「中間農業地域」54％、「山間農業地域」43％、「平地農業地域」46％、「都市的地域」17％

農業法人・農業参入企業は、「中間農業地域」72％、「山間農業地域」44％、「平地農業地域」26％、「都市的地域」13％

その他は、「中間農業地域」65％、「山間農業地域」31％、「平地農業地域」31％、「都市的地域」15％

すなわち、受賞組織の『活動エリア』は、全農業地域に及んでいますが、いずれも「中間農業地域」が最も多く、受賞組織の過半数が「中間農業地域」で活動し、3～4割が「山間農業地域」、3割弱～5割弱が「平地農業地域」、1割前後が「都市的地域」で活動している点、なお、そうした中で「農業法人・農業参入企業」の場合、「中間農業地域」で活動している受賞組織が7割を超えている点が特徴として指摘されます。

ともあれ、耕作放棄地発生防止・解消活動は中山間地域から、平地農業地域、都市的地域へと広がりました。これは、見方を変えれば、外国食料依存と国内農業衰退の常態化によって、耕境が前進し、限界農地が広がったことを意味するものでもあります。

活動実績（その2）―『平均活動年数』は6・6年で、『平均耕作放棄地解消面積』は24・2㌶

続いて、上位受賞組織の活動開始から受賞時までの『活動年数』、その間の『耕作放棄地解消面積』をみておくと、**表Ⅱ－5**、**表Ⅱ－6**の通りです。

受賞組織全体では、活動年数は、「3年以下」24％、「4～6年」35％、「7～10年」30％、「11年以上」11％で、平均6・6年です。

また、耕作放棄地解消面積は、「5㌶未満」19％、「5～10㌶未満」21％、「10～30㌶未満」32％、「30～50㌶未満」12％、「50㌶以上」12％で、平均24・2㌶であり、活動主体別の平均活動年数および耕作放棄地解消面積は、「農業委員会」では6・8年で35・4㌶、「農業法人・農業参入企業」では7・0年で20・7㌶、「その他」では5・8年で15・1㌶です。

表Ⅱ－5　活動主体別耕作放棄地解消活動実施年数別上位受賞組織件数（平成20～29年度）

単位：件

活動主体分類別上位受賞組織	組織数	活動実施年数別				平均年数（年）
		3年以下	4～6年	7～10年	11年以上	
会長賞以上受賞組織件数	100	24	35	30	11	6.6
1．農業委員会	35	9	13	8	5	6.8
2．農業法人・農業参入企業	39	7	13	14	5	7.0
①農事組合法人	8	2	2	3	1	6.3
③JA出資型農業法人	6	1	3	2	-	5.1
④農業参入企業法人	24	4	8	9	3	7.1
3．その他	26	8	9	8	1	5.8
①市町村	2	-	-	2	-	7.5
②耕作放棄地対策協議会	5	1	3	1	-	5.4
③市町村農業公社	4	1	2	-	1	6.7
⑥NPO法人	3	2	-	1	-	4.6
⑨集落営農・生産者組織	3	1	1	1	-	5.6
⑩地域住民組織	5	-	3	2	-	7.0

表Ⅱ－6　活動主体別耕作放棄地解消面積別上位受賞組織件数（平成20～29年度）

単位：件

活動主体分類別上位受賞組織	組織数	耕作放棄地解消面積別件数								平均解消面積（ha）
		3ha未満	3～5	5～10	10～30	30～50	50～100	100ha以上	不詳	
会長賞以上受賞組織件数	100	12	7	21	32	12	8	4	4	24.2
1．農業委員会	35	3	3	3	8	7	5	3	3	35.4
2．農業法人・農業参入企業	39	3	3	11	16	4	1	1	-	20.7
①農事組合法人	8	1	3	2	2	-	-	-	-	6.9
③JA出資型農業法人	6	-	-	2	2	2	-	-	-	21.5
④農業参入企業法人	24	2	-	7	11	2	1	1		25.6
3．その他	26	5	1	7	8	1	2	-	2	15.1
①市町村	2	-	-	1	1	-	-	-	-	17.1
②耕作放棄地対策協議会	5	-	-	1	2	-	2	-	-	35.4
③市町村農業公社	4	3	-	-	1	-	-	-	-	5.7
⑥NPO法人	3	-	-	-	1	1	-	-	1	22.1
⑨集落営農・生産者組織	3	1	-	2	-	-	-	-	-	4.3
⑩地域住民組織	5	-	-	2	2	-	-	-	1	10.7

〈メモ〉

Ⅲ 優良事例に学ぶ遊休農地対策 ～耕作放棄地発生防止・解消活動のポイント～

Ⅱでは、全国農業会議所・全国農業新聞主催「耕作放棄地発生防止・解消活動表彰事業」（10回実施）に受賞した上位受賞団体組織の活動主体の多様性と多面化した活動内容および活動実績について、その全体的な特徴をみましたが、つぎに、その諸結果を踏まえ、活動主体別に活動内容および活動実績が優れていると認められ、受賞した優良事例[注]を取り上げ、優良事例から学ぶべき遊休農地対策のポイントが、どのようなものであるか、その内容を具体的にみておくことにします。

（注）詳しくは、全国農業図書「耕作放棄地解消活動事例集 Ｖｏｌ．1～10」参照。

1 農業委員会の活動ポイント

農業委員会の場合は、すでに述べた法令業務である「農地利用状況調査」「農地利用意向調査」「遊休農地に関する措置」の実施と同時に、平成28（２０１６）年の農業委員会法の改正で新設された担当地区ごとに農地の利用調整などの現場活動を担う「農地利用最適化推進委員」と一体となり、

《農業委員会の活動ポイント》

1	「適切な人材配置で活動体制の整備」	静岡県 島田市農業委員会	事例１
2	「集落別『農地活用支援隊』の立ち上げ、地元の人材活用で農地利用集積」	青森県 弘前市農業委員会	事例２
3	「関係機関との危機意識の共有、緊密に連携した活動」	岩手県 遠野市農業委員会	事例３
4	「地域の実情に合わせ、独自にアレンジした遊休農地対策」	長崎県 松浦市農業委員会	事例４

重点業務である「農地利用の最適化」をすすめる活動の実施が前提ですが、「農地再生利用支援組織」としての農業委員会が、それぞれの地域の実情に即した「耕作放棄地の発生防止・解消活動のための活動体制を整備し、啓発活動や実践活動を通じて地域の農地の利用促進等を継続的に図っていること」（表彰事業・審査基準）とする活動体制をいかに構築するかが、活動の成否のカギを握る重要な活動ポイントとなっています。

以下、上位受賞した農業委員会の優良事例から学ぶべき活動ポイントを上げておきますが、あらかじめ、その要点をまとめておきますと、上記のとおりとなります。（事例内容は受賞時）

事例 1

適切な人材配置で活動体制の整備

静岡県島田市農業委員会
〔平成26（2014）年度・第7回、農林水産大臣賞〕

［農業地域区分］ 都市的・平地・中間・山間農業地域
［活動期間］ 平成21（2009）年4月〜平成26（2014）年6月 （5年3ヵ月）
［耕作放棄地解消面積］ 30.7ha

耕作放棄された茶園の状況調査

●活動体制

島田市農業委員会は、平成23（２０１１）年に、当時の農地制度実施円滑化事業を活用して農業委員会に「農地相談員」を置き、活動体制の強化を図ってきました。

受賞時には、耕作放棄地に必要な農地の売買・貸借、農業生産法人（農地所有適格法人）の設立、各種助成事業などに精通し、ノウハウを有する県農業振興公社ＯＢを農地相談員に配置し、活動体制の整備・強化を図り、遊休農地対策で優れた成果を上げてきました。

島田市農業委員会の活動エリアは、島田市が広域合併市町村なので、範囲が広く、都市的、平地、中間、山間の各農業地域に及び、農地相談員は、農業委員と連携し、市内各地域の耕作放棄地の状況を把握し、農業委員および町内会長と一緒に耕作放棄地所有者宅を訪問し、耕作放棄地再生利用を要請する活動を精力的に行ってきました。その結果、島田市農業委員会では、つぎの遊休農地対策に積極的に取り組み、成果を上げてきました。

●担い手への農地利用集積

担い手への農地利用集積にあたり、着実に推進する手段として、主要な担い手である市内の３つの農業法人（既存の茶業の２農業生産法人と露地野菜作の異業種参入企業）への耕作放棄地を含む農地の斡旋に力点を置き、再生利用が図られるよう地権者交渉、円滑な権利設定、農用地利用集積計画および国の交付金活用等の面で支援活動を行い、所期の成果を上げることができました。

●新規作物導入・地域特産物づくり

島田市農業委員会は、担い手法人のうちの１社で、自社の技術力と資金力をいかして耕作放棄地を積極的に受け入れ、老朽茶園を再生してきた㈱ハラダ製茶農園（市内に製茶４工場を有する大手製茶会社の農園）の県単助成事業・荒廃茶園再生事業（ハンマーナイフモア使用）導入に際しても、現地調査や候補地選定の面で支援活動を実施し、また、建設関係の不動産コンサルタント業から新規参入した露地野菜作・農業参入企業の耕作放棄地再生利用に積極的に協力し、同社では、２年間で耕作放棄地４・７㌶を再生し、レタス、キャベツなど、露地野菜の栽培を行っていました。

なお、島田市農業委員会は、荒廃りんご園を渋柿栽培実証圃に再生し、渋柿栽培および干し柿加工方法を研究する事業、ま

㈱ハラダ製茶農園が再生した茶畑

た、耕作放棄地活用のユーカリ（切り枝）やコンニャク栽培など、新規作物導入・地域特産物づくりをめざす取り組みに対しても、国の交付金活用の面での支援活動を実施してきました。

●多面的機能の発揮・地域活性化

市内各地区担当の農業委員が実践してきた耕作放棄地再生利用の「食農体験」「美しい景観づくり」「山里ウォーキングコースづくり」「市民農園開設」「野菜生産直売イベント開催」等、地域資源を活用した農業・農村の多面的機能の発揮、地域活性化をめざす各地域の実情に応じた取り組みに対しても、地権者との交渉、農地貸借および国の交付金活用の面で積極的な支援を行いました。島田市農業委員会は、以上の活動をつうじ、活動期間5年3か月で耕作放棄地解消面積30・7㌶の活動実績をもたらしました。

全国農業図書「耕作放棄地解消活動事例集　Vol.7」参照。

事例 2

集落別「農地活用支援隊」の立ち上げ、地元の人材活用で農地利用集積

青森県弘前市農業委員会
〔平成27（2015）年度・第8回、農村振興局長賞〕

［農業地域区分］ 平地・中間・山間農業地域
［活動期間］ 平成24（2012）年4月～平成27（2015）年3月（3年間）
［耕作放棄地解消面積］ 84.4ha

農地活用支援隊による草刈り作業

●活動体制

弘前市農業委員会は、農産物価格の低迷や担い手の高齢化・後継者不在等により、山間部に広がった樹園地の耕作放棄地が深刻化してきたことに伴い、平成24（２０１２）年度に、委員会内に「遊休農地有効活用委員会」を設置し、耕作放棄地発生防止・解消活動の取り組みにあたってＰＤＳ（計画・実行・評価）体制を整え、翌年度からは、「地域の農地は地域が守る」をスローガンに掲げ、活動の実践的強化を図るため、耕作放棄地解消の核となる集落単位の「農地活用支援隊」を立ち上げました。

支援隊員は地元の農業者、農業生産法人の構成員、ＪＡ職員などで、その活動は、農業者は農地利用状況調査や農家の意向把握など、集落情報の収集に努め、農業生産法人の構成員やＪＡ職員は提供された情報を活用して農地集積の働きかけにあたるなど、それぞれの得意分野での役割分担で活動に取り組みました。

農地活用支援隊の貢献で農地利用状況調査も迅速化した

●スピーディーな情報収集、効率的な事業展開

地域の人材の能力を活用した「農地活用支援隊」の活動で、地域の詳細な情報のスピーディーな収集が可能となり、それが、農地・非農地判断やマッチング等の効率的な事業展開につながり、その活動実績として、活動期間3年で耕作放棄地解消面積が84・4ヘクタール（再生交付金等活用面積46・2ヘクタール、自己解消38・2ヘクタール）、農地・非農地判断で非農地化した面積が297ヘクタール、担い手への農地利用集積面積が8869ヘクタールから9222ヘクタールに増加等々の成果を上げました。

全国農業図書「耕作放棄地解消活動事例集 Vol.8」参照。

事例 3

関係機関との危機意識の共有、緊密に連携した活動

岩手県遠野市農業委員会
〔平成28（2016）年度・第9回、農村振興局長賞〕

［農業地域区分］ 中間・山間農業地域
［活動期間］ 平成18（2006）年4月～平成28（2016）年3月　（10年間）
［耕作放棄地解消面積］ 109.9ha

再生した菜の花畑を走る JR 釜石線の列車

●活動体制

遠野市農業委員会は、平成18（2006）年、市内耕作放棄地の実態を把握するために、農業委員会が中心となり市当局、JA、土地改良区、農業共済組合など、関係機関を巻き込んで徹底的な農地パトロールを行い、202ヘクタールの耕作放棄地が確認され、耕作放棄地の増大に対する危機意識を関係機関と共有するとともに、耕作放棄地対策の必要かつ緊急性についての共通認識を広げました。遠野市は、そうした状況を踏まえ、市農林水産振興協議会に農業委員会を含む「耕作放棄地解消対策部会」を設置し、平成22（2010）年策定の「遠野市農林水産振興ビジョン」では、「耕作放棄地ゼロ宣言」を掲げ、市民への積極的な啓発活動、農業委員会と関係機関が緊密に連携した耕作放棄地解消活動に取り組んできました。

●耕作放棄地解消活動の取り組み

遠野市での耕作放棄地解消活動は、復元可能なものは国の事業等の活用で再生利用し、復元困難なものは林地等への転用を誘導するとしたうえで、耕作放棄地の再生利用は、国の制度を活用した加工米・飼料米の作付け、集落営農組織や産直組織等の農地利用集積、新規就農者や学校、市民に耕作放棄地の農園として貸し出しを促進するといった方針で取り組んできました。

市は、耕作放棄地の再生利用を支援するため、ニラ、ピーマン、アスパラガス等の栽培を推奨、指導するとともに、アドバイザーの配置、さらに市単独補助事業（最大10アール5万円）を設けていました。また、平成24（2012）年度からは、農業委員自ら市内全地区（11町）で住民や児童および関係機関と協働して、「耕作放棄地には菜の花を」というスローガンのもとに草刈り、耕起、施肥、播種を行い、美しい景観づくりをすすめ、SL銀河の走るJR釜石線沿線の耕作放棄地から美しい菜の花栽培地に変わった場所は、写真撮影者が集まる重要な観光スポットにする活動にも取り組みました。農業委員会は、そうした目に見える形での耕作放棄地の解消・活用を実証する活動に率先して取り組み、その活動を市のケーブルテレビや「農業委員会だより」などを使ってPRしたことにより、全市的に解消・再生の気運が醸成され波及しました。

遠野市では、以上の活動の取り組みによって、耕作放棄地202ヘクタルは、109・9ヘクタルが再生利用され、122・5ヘクタルが非農地通知となり、耕作放棄地はわずか20ヘクタルにまで減少し、耕作放棄地ゼロ宣言の達成に近づいてきました。

全国農業図書「耕作放棄地解消活動事例集　Vol.9」参照。

事例 4

地域の実情に合わせ、独自にアレンジした遊休農地対策

長崎県松浦市農業委員会
〔平成29(2017)年度・第10回、農林水産大臣賞〕

[農業地域区分]　中間・山間農業地域
[活動期間]　平成20(2008)年6月〜平成30(2018)年2月　(10年間)
[耕作放棄地解消面積]　60.4ha

担い手農家が活用している元耕作放棄地

●活動体制

松浦市農業委員会は、平成20(2008)年度からスタートした「耕作放棄地発生防止・解消活動」では、現在、農業委員会が法令業務として行わなければならない遊休農地対策(「農地利用状況調査」「農地利用意向調査」「遊休農地に関する措置」等)とほぼ同様の取り組みを地域の実情に合った独自のものにアレンジし、農業委員および農業委員会事務局が一丸となって取り組む活動体制を整え、以下のような活動を行い、耕作放棄地解消および農地利用最適化を進める模範例として評価されました。

●活動経緯

松浦市では、農地は水田が大半を占め、多くの地区で基盤整備が完了しており、平場の水田に関しては耕作放棄地の発生はほとんど見られませんが、山間部の未整備田や海岸沿いの塩害を受け

やすい農地、さらにパイロット事業で整備された柑橘園を中心に耕作放棄が広がってきたので、つぎのような耕作放棄地対策を進めてきました。

●「耕作放棄地全体調査」結果のデータベース化、GIS使用の地図情報化

平成20（2008）年度に実施した「耕作放棄地全体調査」の結果に農地台帳を付加してデータベース化し、市で導入したGIS（地図情報システム）を用いて耕作放棄地の分布を地図化しました。

●耕作放棄地の活用策の検討

平成21（2009）年度に耕作放棄地の活用策について農業委員会総会で検討した結果、データベース化・地図情報化した耕作放棄地情報を用いて町別にA分類荒廃農地（再生利用が可能な荒廃農地）およびB分類荒廃農地（再生利用が困難と見込まれる荒廃農地）については出力し、A分類荒廃農地については、認定農業者をはじめとする担い手農家を中心にマッチング会の開催を決定しました。

●活動内容

●マッチング会の開催、担い手への農地利用集積

平成22（2010）～平成23（2011）年度に市内8か所（旧町村単位）でマッチング会を開催し、マッチング会では、A分類荒廃農地を図面化し、認定農業者をはじめとする担い手農家に対して、耕作放棄地解消事業等を活用して集積を図りました。マッチング会以降も、個々の農業委員が図面を活用して個別マッチングや啓発活動を行い、そうした取り組みにより、地権者の自主解消も含め60・4㌶の耕作放棄地解消に成功しました。あわせて、判断未了だったB分類荒廃農地のうち123㌶の非農地化を図りました。

●全農家対象のアンケートに基づく取り組み

平成24（２０１２）年度に「人・農地プラン」作成のため、ＧＩＳ情報を用いて農地の所有者・耕作者別に色分けした集落ごとの図面を作成。それを元に市内６地区で集落説明会を開催し、将来の農地状況をシミュレーションしながら地域農業の課題を検討。平成26（２０１４）年度からは全農地情報を確認・ＧＩＳデータ化し、守るべき農地を明確化するとともに、「人・農地プラン」と「農地中間管理事業」を連携させた取り組みを推進すべく、全農家を対象とした「農地利用意向調査」（アンケート）を実施しました。平成27（２０１５）年度以降は、アンケート結果に基づき、貸し出し意向のある農家を農業委員が個別に訪問し、貸したい農地の現況を一筆ごとに確認するとともに、規模拡大意向のある担い手農家にも個別訪問を行い、農地中間管理機構への貸し付け申し込みに誘導するとともに、遊休・荒廃化の恐れのある農地等も含めて農地中間管理機構へ誘導するなど、耕作放棄地発生防止に努めています。

なお、国の中山間直接支払制度や多面的機能支払制度、市単独事業の「担い手農家集積促進借り手助成金制度」等を活用した規模拡大農家・集落営農法人への交付金、助成金の支払いに取り組み、農地流動化の促進、耕作放棄地発生防止に取り組んでいます。

●農業参入企業や新規就農者（Ｕ・Ｉターン）の誘致・受け入れによる遊休農地の活用

この間、松浦市農業委員会では、各種関連事業を活用し、農業参入企業の誘致、新規就農者（Ｕ・Ｉターン）の受け入れにも積極的に取り組み、施設園芸（アスパラガス、ブロッコリー）・バレイショなどの産地形成に取り組んできました。

参入企業が利用する遊休化の恐れがあった農地

●活動の評価

松浦市農業委員会の遊休農地対策の取り組みは、きわめてオーソドックスなものですが、国・県・市の関連事業に連動し、地域の実情に合わせ、独自にアレンジした組織的な活動体制を構築し、担い手および地権者の意向にきめ細かく配慮した取り組みにより、それに相応しい荒廃農地の再生利用および未然防止での実績を上げ、農地利用最適化にむけた遊休農地対策として、全国的にみて、模範となる活動であったと評価されました。

全国農業図書「耕作放棄地解消活動事例集　Vol.10」参照。

2 集落営農法人の活動ポイント

耕作放棄地の再生利用の取り組みにあたっては、どの地域でも「引き受け手をどうするか」「作物は何を植えるか」などが大きな悩みの種になっています。そうした課題に応える地域農業の新しい担い手として、いま、各地で存在感を高めてきたのが「集落営農法人」「ＪＡ出資型農業法人」「農業参入企業法人」であり、その活動主体としての選択が耕作放棄地発生防止・解消の重視すべき課題となってきています。

そこで、まず、集落営農法人の優良事例として、山口県阿武町の農事組合法人「福の里」と長野県飯島町の一般社団法人「月誉平栗の里」の活動ポイントを取り上げてみます。

農事組合法人「福の里」は、農業機械共同利用組合（任意）の法人化を図り、集落営農法人となって、集落のほぼ全体の農地への利用権設定に基づく集団的土地利用による効率的な土地利用を実現しました。

また、一般社団法人「月誉平栗の里」は、戦時中、集落でまとまって山林を開墾した耕地4・9ヘクタール（地権者45戸、77筆4・9ヘクタール）が、昭和60年代後半以降、野生獣食害（シカ、イノシシ）の多発、農業者の高齢化などで放置され、ほぼ全面的な耕作放棄状態となってしまい、その土地を守り、再生利用を図るために、町営農センターが推奨する栗栽培を地権者全員参加の「集落営農方式」で取り組み、同じく効率的な土地利用を実現しています。

すなわち、両者の活動ポイントは、その特徴を指摘しておきますと、担い手の高齢化、後継者不足がすすむ中で、集落の土地を守り、農業の継続をめざ

《集落営農法人の活動ポイント》

1	「みんなで守る集落の土地、集団的土地利用で農地の効率利用」	山口県阿武町 農事組合法人 「福の里」	事例５
		長野県飯島町 一般社団法人 「月誉平栗の里」	事例６

して、集落の農家および地権者が一体となり、集団的土地利用体制を立ち上げ、分散的錯圃の弊害を克服した農地の効率利用を実現し、地域の活性化に取り組んでいる点です。（事例内容は受賞時）

事例 5

みんなで守る集落の土地、集団的土地利用で農地の効率利用(1)

農事組合法人「福の里」

〔平成25(2013)年度・第6回、全国農業会議所会長特別賞〕

[所 在 地]　山口県阿武町福田地区
[農 家 数]　99戸
[経営耕地]　106.9ha(利用権設定)
[農業地域区分]　中間・山間農業地域
[活動期間]　平成17(2005)年4月～平成24(2012)年3月　(7年間)
[耕作放棄地解消面積(発生防止)]　2.4ha(104.5ha)

再生した耕作放棄地を協力して耕す

●設立経緯・活動体制

　農事組合法人「福の里」は、平成15（2003）年、山口県阿武町の旧福賀村福田地区に設立された集落営農法人です。「耕作放棄地発生防止・解消活動表彰事業」全国農業会議所会長特別賞受賞当時（平成25年）、組合員農家99戸、組合経営耕地面積（組合利用権設定）106・9㌶で、福田地区の農家および水田面積のほぼ全体をカバーしていました。

　福田地区は山間に広がる盆地で、昭和50年度に圃場整備が完了し、その後、農業機械共同利用の任意組織の営農組合が設立され、大型機械の導入で農作業の効率が飛躍的に改善されました。

　しかし、圃場整備後、約40年が経過したころから水路などの老朽化がすすみ、作付けに支障をきたす状況となり、地域の共有財産である農業用水路や農道等の維持管理を地域ぐるみで取り組んできましたが、組合員の7割が65歳以上の高齢者といった高齢化がすすむ中で、このままでは集落の水田農業は維持できないし、集落の土地は守れない危機意識が高まり、これまで組合員が個々に行ってきた水田稲作から、組合が一元的に行う水田稲作に切り換え、より効率的な生産体制を整えなければならないとする認識が広まり、それには、組合が組合員から利用権設定で農地を借り受ける必要があり、そのために、組合を法人化しました。

●活動内容

農事組合法人「福の里」は、法人設立当時は30㌶であった利用権設定面積が１００㌶を超え、福田地区6集落の総面積における94％を占める規模になり、いわば同地区6集落1農場ともいえる農地利用集積は、分散錯圃の弊害を克服し、水稲を中心に作業効率の高い農業生産を可能にしたほか、それは耕作放棄地発生防止につながり、耕作放棄地ゼロの地域づくりを実現させて高く評価されましたが、さらに、法人として、「集落で協力し合い農地の効率的利用に努め、一人でも多くの組合員が農地の管理をすることを基本方針」に掲げ、組合員は法人と利用権設定後でも畦畔の草刈りや水管理、肥料散布など、自分の体力に応じた作業に従事するといった活動体制を整えて、地域ぐるみで集落の農業を維持し、土地を守っている点に注目しておきたいと思います。

なお、福の里では、平成17（２００５）年に、農産物加工所・直売所の設置とあわせて女性部（野菜部、加工部、環境部の3部会）を立ち上げ、特産もち米加工品、地場野菜の直売等を通じた地域活性化、農道・水路の維持管理、自然生態系・伝統文化の維持・継承、子どもたちの農業体験・食育等にも積極的に関わっていました。

全国農業図書「耕作放棄地解消活動事例集　Vol.6」参照。

事例 6

みんなで守る集落の土地、集団的土地利用で農地の効率利用(2)

一般社団法人「月誉平栗の里」
〔平成26(2014)年度・第7回、全国農業会議所会長特別賞〕

[所 在 地]　長野県飯島町田切地区
[活動地区]　田切地区月誉平
[農 家 数]　45戸
[経営耕地]　4.9ha(利用権設定)
[農業地域区分]　中間農業地域
[活動期間]　平成23(2011)年3月～平成26(2014)年6月　(3年3か月)
[耕作放棄地解消面積]　4.0ha

栗を原料にして作られた菓子

●設立経緯・活動体制

月誉平は、飯島町田切地区東部の小高い丘の上にあり、周りは雑木に囲まれた平坦な団地で、戦時中、開墾されて耕地（地権者45戸、77筆4・9ヘクタール）となり、戦後も昭和60年代前半までは、麦、ソバ、自家用野菜、コンニャク、長イモなどが栽培されていました。昭和60年代後半以降、野生獣食害（シカ、イノシシ）が多発するようになり、個人では獣害施設の対応がしきれず、農業従事者の高齢化・不足もあって、栽培中止による荒廃化がすすみ、ほぼ全面的な耕作放棄状態となってしまい、なんとか再生利用できないかといった思いが地権者のあいだで広がり、集落の課題となっていました。

平成22（2010）年、地権者数名による検討委員会が立ち上げられ、地権者からのアンケートなど検討を重ねた結果、「農地を守るには地権者全員参加」が前提であるとした上で、飯島町営農センター推奨の「集落営農方式」の栗栽培が提案されました。当初、「栗を植えたくない人」や「家庭菜園が必要」「出役作業には出られない」などの反対意見もありましたが、「将来まで月誉平の農地を守るため」として、反対意見の地権者の意向も尊重しながら、平成23（2011）年3月、地権者が全員参加して一般社団法人「月誉平栗の里」が設立されました。

集落営農組織としての法人の設立にあたり、一般社団法人を選択した理由は、栗は、植え付けから4年目で収穫できますが、収支が合うまでには8年かかると試算し、各種助成金等差引後450万円の出資金となるので、地権者の主導権を確保しつつ、栗出荷先業者（栗菓子製造販売）やJA等からの出資を受けるためであり、月誉平の全耕地は解除条件付きで利用権設定されました[注]。

法人設立後、耕作放棄地再生の取り組みは、再生作業から植え付け作業に至るまで、地権者構成員中の重機、ダンプ、建設、大工、左官などの技能者や果樹生産者が、それぞれの得意分野の技術をいかした作業を行い、周囲1100メートルの獣害用網の設置までを含めて、4ヘクタールの耕作放棄地の再生を約3か月で終了し、集落営農方式・荒廃農地再生活用による栗の効率的集団栽培を実現しました。

（注）一般社団法人の議事は、通常、特別の別項で定める規定がない限り、総社員の議決権を有する過半数の社員が出席し、出席社員の議決権の過半数で決する。

●法人の運営実績

●集団的土地利用に基づく農場制農業の実現

集団的土地利用による効率的な農業経営とするために、法人設立時に農用地利用改善団体となり、月誉平・全地権者の農地（44筆4・9ヘクタール）に対して利用権設定を行いました。その結果、荒廃化した小区画の耕作放棄地は境目のない集団化された農地になり、スピードスプレヤー防除作業など、効率的作業が可能な栗園として、相続が発生しても次世代につながる農場制農業への展望が開けました。

●地域農業振興への波及効果

飯島町が「飯島信州伊那栗ブランドづくり」計画に基づく、栗の生産・加工・販売までの6次産業化をすすめている中で、「月誉平栗の里」を参考にした集落営農方式の栗栽培が他地区にも広がりました。また、「月誉平栗の里」は、近隣で担い手の病気治療により栽培が困難となった栗園の栽培管理や高齢化で栽培中止に追い込まれた栗園の剪定作業等を引き受け、地域としての栗園の荒廃化防止に貢献し、地域農業の振興に寄与しています。

●地域活性化の取り組み

「月誉平栗の里」では、高齢者に剥き栗加工を委託し、規格外品の有効活用と同時に、高齢者の活性化につながっています。剥き栗は、「栗いっぱいおこわ」や「月誉平の栗菓子」として地元農産加工業者2社に委託製造してもらい、地元の祭事や文化祭等で販売し、道の駅などでの販売も検討中でした。なお、飯島町の誘致で開店した栗菓子製造販売で著名な㈱恵那川上屋（岐阜県恵那市）の子会社・㈱信州里の菓工房と連携し、「焼き栗」の製造販売もイベント等で実施しています。

●地域環境整備の取り組み

消費者交流や体験・観光農業をめざし、圃場周囲の立ち木の伐採や草を刈って中央アルプスの山々の景観がよく見えるようにしたり、農道整備等に取り組んでいます。

全国農業図書「耕作放棄地解消活動事例集　Vol.7」参照。

3 JA出資型農業法人の活動ポイント

上位受賞したJA出資型農業法人は、上位受賞100組織中6件でしたが、うち農林水産大臣賞1件、全国農業会議所会長特別賞2件、同会長賞3件でした。

その活動内容は、地域農業を守り、地域活性化をめざし、「農地利用集積」「新規作物導入」「担い手育成」等々、遊休農地対策に必要な活動を積極的に取り上げ、総合的に取り組み、地域の課題を地域資源の活用により、地域で解決するコミュニティビジネス注としての役割を果たしている点が注目されています。

そこで、つぎに、JA出資型農業法人の活動ポイントについては、学ぶべき優良事例として、㈲信州うえだファーム（長野県・JA信州うえだ農協）と㈱とぴあふぁー夢（静岡県・JAとぴあ浜松農協）の2つの事例を取り上げることにしますが、あらかじめ、両事例の要点をまとめておきますと、つぎのとおりです。（事例内容は受賞時）

㈲信州うえだファームは、JA信州うえだ農協が、高齢化、後継者不足、遊休農地の引き受け手の減少など、地域農業の衰退に対処するために、JA自らが農業経営を行う地域農業の担い手となり、遊休農地の有効活用、利用集積をめざして立ち上げましたが、同時に、組合員農家からの水稲や野菜の受託生産の引き受け、新規作物（ワイン用ぶどう）導入による新たな地域特産づくり、新規就農者の受け入れ・担い手育成に関わる各種事業、さらに、農業見学や食育・農業体験、都市農村交流による地域活性化のための観光農園や直売所などにも携わる事業体として活動しています。

《JA出資型農業法人の活動ポイント》

1	「地域農業を守り、地域活性化をめざす農村版コミュニティビジネス」	長野県上田市 有限会社 「信州うえだファーム」	事例7
2	「特産農産物・産地再生の取り組み」	静岡県浜松市 とぴあ浜松農業協同組合・株式会社 「とぴあふぁー夢」	事例8

すなわち、㈲信州うえだファームの取り組みは、まさに、地域の課題を地域資源の活用により、地域で解決する農村版コミュニティビジネスとしての役割を果たしています。

また、㈱とぴあふぁー夢の場合も、高齢化、後継者不足、遊休農地の引き受け手の減少などから、ＪＡとぴあ浜松農協が地域農業の担い手として立ち上げたＪＡ出資型農業法人ですが、その直接のキッカケは、白玉葱・黄玉葱生産で「日本一の早出し玉葱産地」として広く知られてきた浜松市篠原地区で生産農家が減少し、遊休農地の広がり、玉葱の生産・出荷量の減少が続いたことから、玉葱生産の維持・増産を図り、産地再生をめざすためでした。

その活動内容は、㈲信州うえだファームと同様に、遊休農地の有効活用、利用集積、新規就農者受け入れ・担い手育成などの取り組みであり、㈱とぴあふぁー夢および担い手農家の農地利用集積、新規就農者受け入れ・担い手育成などの面で一定の成果を上げ、玉葱生産・出荷量の回復が図られました。

（注）コミュニティビジネスとは、「地域の人びとが、地域の抱える課題解決へむけて、地域資源を活用し、ミッション（使命）性を持って取り組むビジネス」。

〈メモ〉

事例 7

地域農業を守り、地域活性化をめざす
農村版コミュニティビジネス

有限会社「信州うえだファーム」
〔平成28(2016)年度・第9回、農林水産大臣賞〕

［所在地］　長野県上田市
［活動地区］　上田市・東御市・長和町・青木村
［経営耕地］　64.6ha
［農業地域区分］　平地・中間・山間農業地域
［活動期間］　平成21(2009)年4月～平成28(2016)年3月　(7年間)
［耕作放棄地解消面積(発生防止)］　10.1ha(76.5ha)

優良品種の導入等でよみがえった樹園地

●設立経緯

㈲信州うえだファームは、平成12（2000）年、JA信州うえだが「JA自らが地域農業を守り、地域活性化をめざす」ために設立したJA出資型農業法人です。その設立経緯は、つぎの通りです。

JA信州うえだ管内は、年間を通じて湿度が低く、夏冬の気温差も大きい典型的な内陸性気候と標高をいかし、比較的標高の低い平坦地では、水稲、果樹、花きを、準高冷地では、野菜、花きなど、高冷地では野菜を中心に品質の高い、多様な農産物の栽培が盛んに行われる優良農地でしたが、経営規模の小さい農家が多く、管内農家の半数を超える農家が自給的農家であり、農業従事者の高齢化や後継者不足により、離農や栽培面積の縮小がすすみ、農地の管理が十分にできなくなり耕作放棄されるなど、遊休農地化の拡大が進行してきました。

JA信州うえだは、地域農業の衰退、ひいては

ＪＡ事業そのものへの影響が懸念される事態に対処するため、平成12（２０００）年3月、「第２次中期３カ年計画」に基づきＪＡ出資の農業生産法人を設立し、組合員農家からの水稲や野菜の受託生産、新品種開発、観光農園の運営を行ってきましたが、農地の貸し出しや作業受託が年々増える中で、小規模農家の育成だけでなくＪＡ自らが農業経営を行うという地域の担い手としての役割を果たしながら、地域農業振興および地域活性化をめざす事業展開を図ってきました。

●**活動体制**

㈲信州うえだファームの事業は、①農業経営事業、②耕作放棄地再生・利用事業、③地域農業補完事業（農作業受託などの営農支援）、④新規就農者育成事業（担い手育成のための研修事業）、⑤樹園地継承推進事業、⑥農業経営実証事業（新品目、新技術普及のための栽培実証ならびに展示）、⑦農商工観連携事業・６次産業化事業、⑧農業理解促進事業、⑨観光農業事業、⑩野菜育苗事業・精米事業――と多岐にわたっています。その注目すべき特徴は、協同組合機能を発揮し、行政および関係機関（農業委員会、土地改良区など）との緊密な連携を図りながら、生産者、地域住民の意向を踏まえ、各種助成事業を積極的に活用し、各事業を総合的に結び付けた事業展開を図っている点です。

●**活動内容**

耕作放棄地再生・利用事業により再生した農地では、学校給食用野菜や地域ブランド農産物（うえだみどり大根等）、薬草等の新規作物の試験栽培を行い、また、果樹園地の再生にあたっては、優良品種への植え替えや新たな栽培方法を導入することなど、新規就農者が就農しやすい環境に取り組んでいます。とくに、近年は、ワイン用ぶどう栽培の新規就農をめざす人が増えているため、耕作放棄地を再生して2～3㌶規模のワイン用ぶどうの生産団地を造成し、新規就農者や新規参入者に受け渡しを図っています。

㈲信州うえだファームは、平成21（2009）年から新規就農者育成事業を開始し、新規就農、独立就農をめざす人を研修生として受け入れています。研修生は、㈲信州うえだファームの社員として2年間、農作業に従事しながら栽培技術や経営管理スキルを学び、研修生が就農する際は、㈲信州うえだファームが管理している農地を「のれん分け」する自立サポートに

冬場の復旧作業で周年雇用を確保

取り組み、研修生が果樹栽培を希望する場合は、樹園地継承推進事業（借り手がいない樹園地を㈲信州うえだファームが借り受け、次期継承者がみつかるまでの間、栽培管理を行う事業）を活用して園地の受け渡しを行うなど、樹園地継承の総合的な仕組みづくりにより耕作放棄地の発生抑制に取り組んでいます。

なお、㈲信州うえだファームは、農業理解促進事業で「農業見学、体験学習等、学童教育の場としての圃場の提供」「食育教育としての教育ファーム事業」「地域住民を対象にした市民農園事業」「都市農村交流事業（りんごオーナー制など）」、また、観光農業事業で「観光農園を中心とした直売所、果樹やイチゴもぎ取り園の運営」、さらに、農商工観連携事業・6次産業化事業で「日本ワイン農業研究所・㈱アルカンヴィーニュ」と連携した耕作放棄地再生利用の「ワインの里づくり」の取り組みなど、地域活性化につながる事業に取り組ん

でいます。

●活動実績

ＪＡ出資型農業法人・㈲信州うえだファームの耕作放棄地発生防止・解消活動に関わる活動実績は、活動期間の７年間（平成21～28年）で耕作放棄地再生面積10・１㌶、発生防止面積11・９㌶ですが、耕作放棄地発生防止については、平成12年の設立以降、利用権設定で利用集積してきた農地である「農業経営事業」の経営耕地面積は64・６㌶（水田36・６㌶＝地権者178戸、畑28・０㌶＝地権者157戸）であり、耕作放棄地の発生抑制の面で大きな成果を上げてきました。借入農地に関わる農地の権利調整については、これまで農地利用集積円滑化団体であるＪＡ信州うえだによる農地利用集積円滑化事業で利用権設定が行われてきましたが、農地中間管理事業による賃貸借契約に移行しつつあります。

全国農業図書「耕作放棄地解消活動事例集　Vol.9」参照。

事例 8

特産農産物・産地再生の取り組み

とぴあ浜松農業協同組合、株式会社「とぴあふぁー夢」
〔平成28(2016)年度・第9回、全国農業会議所会長特別賞〕

［所 在 地］ 静岡県浜松市
［活動地区］ 浜松市篠原地区
［経営耕地］ 10.7ha(利用権設定)
［農業地域区分］ 都市的地域
［活動期間］ 平成22(2010)年7月～平成28(2016)年6月 (6年間)
［耕作放棄地解消面積(発生防止)］ 6.8ha(延べ58.8ha)

マッピングされた農地の利用状況

●設立経緯

浜松市南西部に位置し、遠州灘に面した篠原地区は、砂地の立地条件をいかした白玉葱・黄玉葱生産で「日本一の早出し玉葱産地」として広く知られてきましたが、農業者の高齢化と減少に伴って生産量の減少と耕作放棄地が年々増大してきました。

とぴあ浜松農協では、そうした事態を打開するために、農業生産の拡大および農家所得の増加、農協各事業の取扱高の向上をめざした「営農事業再興基本計画」に基づき、年間10億円以上の販売高をもつ特産物である玉葱・セルリー・バレイショを重点品目と位置付け、平成19（2007）年に検討期間限定（平成19年4月～22年3月）で、連合会、行政、農協を構成員とする重点3品目改革推進会議（産地再生プロジェクト）を立ち上げました。その検討結果に基づいて、平成22（2010）年に、浜松市篠原地区を主たる事業対象地域とするJA出資型農業生産法人「株式会社とぴあふぁー夢」が設立されました。

●活動体制

とぴあ浜松農協は、玉葱産地の再生・振興を図る仕組みとして、平成21（２００９）年に浜松市南部地区農地利用調整協議会（構成：とぴあ浜松農協玉葱部会、篠原地区部農会、浜松市、浜松市農業委員会、静岡県西部農林事務所、とぴあ浜松農協）を設置し、耕作放棄地再生利用緊急対策交付金事業の受け入れ等の遊休農地対策の検討をすすめ、また、農地利用集積円滑化事業を活用し、㈱とぴあふぁー夢による遊休農地・耕作放棄地の解消・再生利用とあわせて、「農業トライアル雇用活用事業」（県単事業）、「がんばる新農業人支援事業」（県農業公社）、「農の雇用事業」（県農業会議）等の助成事業を活用し、担い手育成にも取り組んできました。とぴあ浜松農協と㈱とぴあふぁー夢による取り組みは、つぎのようなものでした。

①浜松市南部地区農地利用調整協議会は、貸し付け希望農地を発掘するとともに、受け手の経営意向などのヒヤリングを行い、マッチングを実施。

②とぴあ浜松農協は、農地利用集積円滑化団体として地域の耕作放棄地や規模を縮小する農業者の貸し出し希望農地を紹介・斡旋、借りたい新しい担い手の相談窓口となり、あわせて利用権設定等の事務的処理を一手に行う体制を整え、耕作放棄地の解消と、その未然防止を図る。

③㈱とぴあふぁー夢は、借り手のいない農地や耕作放棄地を借り受け、再生作業を行いながら、玉葱生産を実施。また、新規就農希望者の研修受け入れや技術支援を行うとともに、就農時の「のれん分け」や規模拡大を志向する農業者に対する農地の配分により、地域の担い手育成を促進。

●活動内容・実績

●担い手への農地利用集積

㈱とぴあふぁー夢が、耕作放棄地再生利用緊急対策交付金制度を活用して解消した耕作放棄地面積は6・8㌶であり、また、利用権設定で耕作放棄を未然に防止した農地面積が延べ58・8㌶、利用権設定した㈱とぴあふぁー夢の経営耕地は10・7㌶であり、新規就農者の「のれん分け」および規模拡大を志向する担い手に配分した農地面積（利用権設定借地）は11・9㌶、配分人数は延べ79人でした（平成22～28年実績）。

●地域特産「早出し玉葱」の産地再生

㈱とぴあふぁー夢の遊休農地および耕作放棄地再生利用の取り組みによって、浜松市篠原地区での玉葱生産の減少に歯止めがかかり、産地再生につながりました。ちなみに、とぴあ浜松農協「新玉葱共販実績」によると、玉葱栽培面積および出荷数量は、平成23（2011）年の129・0㌶・50万466ケース（1ケース＝10㌔）が、平成28（2016）年には132・9㌶・55万229ケースに増加し、とぴあ浜松農協の生産者組織・玉葱部会の人数は865人で、玉葱販売高は10億円を超え、11億円でした。

全国農業図書「耕作放棄地解消活動事例集　Vol.9」参照。

4 農業参入企業法人の活動ポイント

上位受賞した農業参入企業法人は上位受賞100組織中24件で、参入企業の業種は多岐にわたります。前述したように、その特徴として、建設業8件、食品製造販売業5件で、この2業種で過半を占め、さらに4件は、耕作放棄地の再生利用により新規に起業した企業であり、残りの7件は、造園業、運送業、自動車販売業、青果物仲買業、求人情報誌発行企業、学校法人、学習塾が各1件と、多種多様な業種からの参入が認められましたが、ほとんどが地元企業の参入であった点が特徴として指摘されます。

上位受賞した農業参入企業法人の中で最も多かった建設業の場合、ほぼ全部が地元の建設業者で、参入動機については、その多くが公共事業受注等の事業量の減少による雇用の維持・確保が直接のキッカケとなっていますが、なかには、耕作放棄地の広がりで、地元が荒廃していくことに心を痛め、農業参入を決意し、自前の重機や土木技術を使って荒廃農地の再生利用を図る場合もありました。

また、つぎに多かった食品製造販売業の場合は、従来、地元産農産物を加工原料として調達してきましたが、生産農家の減少で、その調達が難しくなり、必要な原料農産物の確保のために、自ら農業生産法人（農地所有適格法人）を立ち上げ、耕作放棄地の再生利用、遊休農地の有効利用に基づく原料農産物の生産に取り組んだケースがほとんどでした。

そして、3番目に多かった新規起業の場合は、とくに多いケースはありませんが、新規起業の担

《農業参入企業法人の活動ポイント》

1	「建設業の重機・技術で 荒廃農地の再生利用と 新たな地域農業の展開」	長野県信濃町 農業生産法人・株式会社 「ファームかずと」	事例９
2	「異業種連携で地域特産の 復活をめざして 荒廃農地を白いソバ畑に」	長野県松本市 農業生産法人・株式会社 「かまくら屋」	事例10
3	「産学官連携で新品種 ダッタンソバの生産拡大、 消滅集落の農地利用の復活」	北海道雄武町 株式会社「神門」	事例11

い手による消滅集落の荒廃農地や放置された集団的飼料畑の再生利用に取り組んだ注目すべき事例がみられました。

そこで、以下、農業参入企業法人の活動ポイントについては、学ぶべき優良事例として、建設業から参入した株式会社ファームかずと（長野県信濃町）、異業種連携で参入した株式会社かまくら屋（長野県松本市）、新規起業で参入した株式会社神門（北海道雄武町）の３つの事例を取り上げておきます。（事例内容は受賞時）

事例 9

建設業の重機・技術で荒廃農地の再生利用と新たな地域農業の展開

農業生産法人・株式会社「ファームかずと」
〔平成29(2017)年度・第10回、農村振興局長賞〕

［所 在 地］ 長野県信濃町
［活動地区］ 信濃町柏原・大井地区
［経営耕地］ 28.1ha
［農業地域区分］ 中間農業地域
［活動期間］ 平成21(2009)年8月～
平成29(2017)年3月 (8年間)
［耕作放棄地解消面積］ 24.3ha

耕作放棄地の再生作業

●設立経緯

地元の建設会社、㈱タケウチ建設[注]は、平成16（2004）～平成17（2005）年、公共事業受注量が減少したことが直接のキッカケとなり、本業の土木のノウハウをいかし、地域で増加した荒廃農地の再生利用による農業参入を決意しました。

農業参入の直接の動機は、公共事業受注量の減少ですが、当該地域は、戦後酪農開拓の山間地で、小規模な酪農家が多く、担い手の高齢化で離農が続出し、耕作放棄地が広がっていました。㈱タケウチ建設の社長は、農地が荒れ自然豊かな農村景観が失われていくことに危惧を抱き、以前から土づくりに興味があったこともあり、「自然と人間が共存する」地域の特徴をいかした農産物の生産をめざして、平成18（2006）年に酪農開拓地の休耕地3㌶を借り入れて農業に参入しました。

当初は、㈱タケウチ建設の農業部門としてスタートし、スタート当時の経営耕地は自作地2㌶

（社長個人所有地）と相対借地3ヘクタール（休耕地）の5ヘクタール程度で、自然薯、ニンニク、バレイショ、小麦、トウモロコシ（フルーツコーン）栽培等を手がけ、平成18（2006）年には、直売・都内スーパー等への販売を開始し、平成20（2008）年6月、㈱タケウチ建設の子会社として農業生産法人「株式会社ファームかずと」を設立しました。

株式会社ファームかずとは、設立後、経営耕地の拡大を図り、平成21（2009）年9月には15ヘクタール、平成26（2014）年3月には25ヘクタールと拡大していきました。この間の経営耕地の拡大は、借り手のいない条件の悪い耕作放棄地を農地中間管理機構等を通じて買収または借り受けによるものでしたが、荒廃農地の再生には、長年放棄されていたため、立ち木や雑木が農地を覆っていたので、親会社の大型重機や技術を使い、土壌改良を含めて行ってきました。荒廃農地の再生には、平成21（2009）年度～平成28（2016）年度の「耕作放棄地再生緊急対策交付金」等の補助事業を活用し、再生した耕作放棄地面積は24・31ヘクタールで、うち買収が5割で、借地が5割（地権者10人、地代5千円／10アール）でした。

トウモロコシ畑に再生された農地

（注）株式会社タケウチ建設：地元建設会社、正社員5名、年商約5億円。

●活動内容・特徴

株式会社ファームかずとの取り組んでいる農業経営は、地域の特性をいかした地域特産のトウモロコシ栽培中心の露地栽培ですが、耕作放棄地だった再生農地の地力を高めるため、地元の畜産農家からの牛糞、キノコ農家から廃培地等を受け入れて、自家製堆肥を製造し、耕畜連携による循環型農業を展開し、生産物は独自の販売ルートを開拓して販売しています。豪雪のため、冬期間は作業はできませんが、生産した高品質のフルーツコーンの加工・冷凍貯蔵で出荷し、収益を上げています。

なお、経営の要点を挙げておきますと、つぎのとおりです。

①生産部：トウモロコシを中心とする野菜栽培全般、耕作放棄地再生利用・開墾、畑整備・栽培管理は社員、収穫は泊まり込み学生アルバイトの手が中心。

②加工部：加工施設で完全冷凍と半冷凍の2種類のトウモロコシの冷凍加工・冷凍保存することにより、一年中トウモロコシの供給・出荷が可能。

③販売部：通販3割・契約6割・直販2割。平成28（2016）年11月、株式会社明治屋経由でシンガポールにて超冷凍フルーツコーン注の販売を開始。

④レストラン部：農業経営の6次産業化をすすめ、平成29（2017）年11月、自社農産物を原材料とした料理を提供する自社レストランを開業。

⑤都市農村交流の取り組み：農業体験の受け入れなど、人的交流も積極的に取り組む。

以上の活動を通じ、株式会社ファームかずとは、地域農業を守るという強い想いを持った地域の中心的な担い手として、地域農業の振興、地域の活性化に貢献しています。

（注）超冷凍フルーツコーン：「同社は平成25（2013）年に農林水産省の補助金を受け、アルコールを使った急速冷凍する加工場を建設。通常1時間半かかる冷凍を約30分に短縮したことで、実の中にできる氷の結晶の大きさを5分の1に抑え、400日間鮮度を保てるようになった」（平成28年9月22日付中日新聞）。株式会社ファームかずとは、平成28（2016）年5月11日に〝ファームかずとの超冷凍フルーツ！〟として特許庁に商標登録出願を行い、平成29（2017）年3月10日に商標登録が確定し、商標原簿に登録されました。

全国農業図書「耕作放棄地解消活動事例集　Vol.10」参照。

〈メモ〉

事例 10

異業種連携で地域特産の復活をめざして 荒廃農地を白いソバ畑に

農業生産法人・株式会社「かまくら屋」
〔平成25(2013)年度・第6回、農林水産大臣賞〕

［所 在 地］ 長野県松本市
［活動地区］ 松本市岡田・四賀・梓川地区、安曇野市三郷地区
［経営耕地］ 58ha
［農業地域区分］ 平地・中間・山間農業地域
［活動期間］ 平成21(2009)年9月～平成25(2013)年6月 (4年間)
［耕作放棄地解消面積(未然防止)］ 25ha(33ha)

遊休農地を白いソバ畑に!!の願いをかなえた

●設立経緯

農業生産法人・株式会社かまくら屋は、平成21(2009)年9月、松本市の自動車販売業・株式会社スズキアリーナ松本の代表取締役・T氏が、友人の製麺業・鎌倉製麺株式会社代表取締役・K氏と共同出資で設立したソバの生産・加工・販売を営む農業参入企業です注。

その設立のキッカケについて、株式会社かまくら屋の代表取締役に就任したT氏は、つぎのように述べています。

「平成20(2008)年のリーマンショック後、輸出精密機械・機器関連企業の多い長野県下では企業リストラがすすみ、自動車販売会社の売上が、前年対比の4割に激減し、自動車販売以外のビジネスを模索していた。その際、立ち上げてみたいビジネスとしては、自動車販売のように大メーカーの完成品販売の末端を担い、宣伝もすべて用意され、付加価値が付け難く、最後のサービ

スだけが付加価値といった商品を扱うビジネスではなく、自分たちのアイデアや工夫が生かせる生産や加工の〝川上〟の仕事を手掛けてみたかった。当初、農業参入は考えていなかったが、親しい友人で、松本市内で創業以来60年間、製麺業を続けている鎌倉製麺株式会社の三代目社長のK氏から『信州そば』の現状を打ち明けられたことが農業参入のきっかけとなった」

それは、K氏によると、「『信州そば』というけれど、松本城や上高地で売っている土産用そばの原料は9割までが中国産で、信州産は1割程度でしかなく心を痛めている。親父の代までは信州産がいつでも安定して手に入ったが、農業の担い手の高齢化・減少で、耕作放棄地が増え、ソバの生産が減少した。信州産は高値で安定的に手に入り難くなった。いつまでもこんなことを続けていると、業界は消費者から見放されてしまうのではないかと、危機感を抱いている」という話であり、その話をK氏から聞いたT氏は、「農家の高齢化、担い手不足による耕作放棄地が増加している地域の現状を何とかしたい」「松本平の耕作放棄地を白いソバ畑に」との強い思いから、「耕作放棄地再生利用、遊休農地活用のソバの生産・加工・販売をめざす農業参入企業の起ち上げを決意し、鎌倉製麺株式会社の代表取締役K氏と共同出資で農業生産法人・株式会社かまくら屋を設立することになった」と述べていました。

（注）・株式会社スズキアリーナ松本：所在地＝本店・松本市、支店・安曇野市。業種＝自動車販売業。営業種目＝S社製自動車販売、整備販売、中古車販売、用品販売、損保代理店。従業員＝9名。
・鎌倉製麺株式会社：所在地＝松本市。業種＝食品製造販売。営業種目＝製麺業、みやげ品販売。従業員＝5名。

●活動経過

●耕作放棄地の解消・活用からのスタート

㈱スズキアリーナ松本社長T氏および㈱鎌倉製麺社長K氏の両者は、ともに農家出身ではなく、農業については全くの素人であり、農業生産法人・㈱かまくら屋の起ち上げ時には、保有農地はゼロで、土地探しから始まったのですが、その間の事情については、つぎのように述べています。

「当初、新聞等の報道で知っていた耕作放棄地を活用すれば何とかなると安易に考えていた。まず、農業委員会に行ったが、農業委員会では、自分たちが全くの新規で、かつ農業の素人だったので、すぐにやめてしまうのではないかという心配があって、なかなか思うように農地を紹介してもらえなかった。農業委員会としても、地権者の大切な資産を扱うのだから、当然、慎重にならざるを得なかったと思った。3か月位過ぎてから、遊休農地を紹介してもらった。それは、20年以上ほったらかしになっていた80アールのリンゴ畑で、ジャングルのような状態の荒廃農地だった。したがって、若干抵抗はあったが、すでに会社も立ち上げていたので、借り入れて開墾することにした。自分たちは、開墾技術も重機もなかったので、当初、土建屋に開墾整備を丸投げし、荒廃農地再生の事業費補助があったが、経費がかさみ、金がかかりすぎた。そこで、途中から、スタッフに土建屋勤務の経験があり、重機の運転ができるメンバーを入れ、自社のスタッフで開墾整備を行うことになった。開墾整備に必要な重機導入等の経費をまかなうために資本の増資を行った」

「地元の人々は、この荒廃農地（リンゴ畑80アール）の再生整備の取り組みで、自分たちの遊休農地の再生利用、農業参入に対する取り組みが本気だとみてくれるようになり、取り組みの『本気度』が認められ、農業委員も積極的に取り組んでくれるようになり、一気に農地を紹介してもらえるようになった」

「荒廃していた畑がきれいに再生されると、次第に近隣の農家の方から声をかけてくれるようになり、松本市や安曇野市の地元農業委員が地権者方へ一緒に訪問し、農地の斡旋をしてくれるようになり、地元農業委員は、T氏を同道し、1日に地権者を5～6戸も回ってくれた。斡旋される農地は耕作放棄地だけでなく、高齢化や担い手のいない農家の農地も斡旋してもらえるようになった。1、2年経つと、その輪は広がり、経営面積は急速に広がっていった。経営開始から4年目で58ヘクタールの耕作にまで拡大した」

以上の経過を踏まえて、T氏は、「いくら荒れていても先祖からバトンタッチしてきた大切な農地を、自分の代で無責任には貸すことは出来ないということを知った」「私たちの『本気度』を地域の方々は注意深く見守っているように思える」と述べています。

●耕作放棄地解消・活用の取り組み

T氏は、耕作放棄地解消・活用の取り組みについて、「荒廃農地を中心に営農展開を図っていくと、どうしても中山間地域の耕作不利地帯の農地（山際の傾斜畑等）が多くなり、収量（単収）の面からは、平坦地の半分以下になってしまう圃場が多い。最初は、農地確保のためにやむを得ず耕作放棄地を選択していたが、次第に、それは使命感に変わってきた。誰かがやらないと、今まで何百年も地域の人々が守ってきた里山が維持できなくなってしまう。若い人々が地元を離れ、高齢者だけしかいない農村がこのままでは崩壊してしまう。そんな危機感を肌で感じるようになった」

「もちろん、すべての農地を守ることは出来ないが、誰か一人でも営農を続けることが出来るのなら、後に続く人が出てくるのではないか。そんな先がけになりたいと思った」と、述べています。

●人・農地プランで地域の中心的担い手に

㈱かまくら屋は、農地確保、営農展開にあたっては、農業委員会だけでなく、県市の農政行政部局・農業改良普及センター、地元JA等の指導・協力の下ですすめているとのことで、T氏によると、「地元JAとは、農業機械導入や肥料・農薬・種苗等の生産資材の購入では、積極的に各地区のJA支所を利用し、また、自社生産の玄ソバ販売は、自社の営業活動による製粉会社との契約生産によるものだが、出荷はJA経由で手数料6％を支払うかたちをとり、JAとの密接な関係を保つようにしている」、「当初、JAの対応は、カウンター越しの応対だったが、今では、応接室でお茶がでてくる応対となり、JAからも農地の貸し手を紹介してもらえるようになった」、「㈱かまくら屋は、農地の拡大にあわせて次第に地元で認知されるようになり、会社の圃場のある松本市と安曇野市の両市で認定農業者に認定されるとともに、人・農地プランでは地域の中心となる経営体、中心的担い手」に位置付けられています。

●活動実績

●遊休農地の再生・利用

平成25（2013）年5月現在、利用権設定面積58ha《ヘクタール》で、うち耕作放棄地再生活用面積25ha《ヘクタール》、耕作放棄発生防止面積（耕作放棄事前利用権設定）33ha《ヘクタール》であり、耕作放棄地発生防止・解消の受け皿経営体として遊休農地の利用促進を継続的に図っています。

●耕作放棄地再生関連助成事業等の活用

耕作放棄地の再生にあたっては、平成25（2013）年5月現在までに、約16㌶余りの再生作業に国の「耕作放棄地再生利用緊急対策」交付金、また、国庫事業対象外の農地約4㌶の再生作業に「松本市遊休荒廃地対策」助成金を活用しました。耕作放棄地再生活用面積25㌶のうちの残り約5㌶は自己解消です。

●持続可能な営農モデルの確立をめざした6次産業化の取り組み

中山間地等の条件不利地域でも持続可能な営農モデルを確立しないと営農が成り立たないため、その解決策として、農業の6次産業化を推進することにしました（平成24年10月、「6次産業化法」に基づく総合化事業計画が認定された）。

原材料の出荷だけでは付加価値が低いため、自前で商品を開発・加工し、自前で付加価値を付け、販売する取り組みを始めています。自社生産の玄ソバは、製粉会社との契約生産で出荷していますが、それだけでなく、自社で乾燥調整した後、石臼で製粉し、製麺会社に出荷し、麺商品に加工され、製麺会社（鎌倉製麺）の既存の販売ルートと自社の販路で販売を行っています。

自社の販路は、農場直売所・道の駅等を中心に飛び込み営業で開拓、現在、地域の20か所余りの店舗で販売。また、県が主催する商談会にも積極的に参加し、高速道路のサービスエリアとの取引もできるようになりました。主な店舗では定期的に従業員が出張し、自らが売り子となって販促活動を行っています。普段は畑にいる現場従業員が消費者と接することで、商品の質を向上させる転機ともなりました。販売や商品開発の上で、従来、自動車販売で積み重ねてきた営業活動のノウハウが当社の経営資源としていかされています。

●地域異業種連携で地域特産物づくりをめざす

平成25(2013)年度からは、ソバに加え、新たに小麦(1・8ヘクタール)、大豆(15ヘクタール)、加工トマト(25アール)の栽培を開始しました。小麦はソバのつなぎとして100%地粉のソバ麺製品に活用し、大豆は、地元の味噌醸造業者、豆腐業者との契約栽培による連携で地場産原料の供給で地域特産物づくりをめざし、生産拡大を図っていくことにしています。

●地域活性化、社会福祉支援活動の取り組み(CSR[注]活動)

松本市四賀地区の畑の隣接地で、毎年3月に地域の祭り「福寿草まつり」が行われ、多くの観光客が訪れます。地域の商店からの要望もあり、地域のソバ粉を使用した期間限定の「福寿草そば」を開発し、地域の他の商店や旅館にも声をかけ、まつりの期間は地域全体で販売しています。今後も地元産ソバを通じて山間地域の活性化に寄与するほか、ソバの栽培による農村景観の維持を図ることにしています。

また、地域の知的障害者支援施設「四賀アイ・アイ」とタイアップして、耕作放棄地再生圃場の草刈りや生産物の調整(ソバの製粉、袋詰め作業等)の作業委託を行い、就労支援の面から障害者の自立・社会参加をサポートしています。

(注)CSRとは、「企業の社会的責任。企業が事業活動を通じて自主的に社会に貢献する責任」。

全国農業図書「耕作放棄地解消活動事例集 Vol.6」参照。

事例 11

産学官連携で新品種ダッタンソバの生産拡大、消滅集落の農地利用の復活

株式会社「神門」
〔平成27（2015）年度・第8回、農林水産大臣賞〕

（新規起業）
［所 在 地］ 北海道雄武町
［活動地区］ 雄武町上幌内地区
［経営耕地］ 159ha
［農業地域区分］ 中間農業地域
［活動期間］ 平成25（2013）年5月～平成27（2015）年7月　（3年間）
［耕作放棄地解消面積］ 159ha

ダッタンソバの花

●設立経緯

北海道の東北部に位置する雄武町は、オホーツク海に面する冷涼な地で、町の主要産業は広大な土地をいかした酪農やホタテを始めとする漁業ですが、酪農は近年の乳価低迷や飼料穀物高騰などの経営環境悪化による離農や高齢化に伴い、平成20（2008）～平成25（2013）年の5年間に426㌶の荒廃農地が確認され、同町上幌内地区は、酪農家の離農により消滅集落となり、約190㌶の農地が荒廃していました。

このような中で、町は農業振興プロジェクトチームを立ち上げ、酪農に代わる新たな地域農業の振興方策を検討した結果、上幌内地区を始めとした町の活性化のため、農研機構・北海道農業研究センター（北農研センター）が開発したダッタンソバ「満天きらり」[注]を地域の特産品にすることを決めました。町の農業振興プロジェクトチームを立ち上げた前町長（故人）は、病気で町長職

を退いた後、町内有志とともに、農研機構・北農研センターと連携し、行政の支援を得て、平成24（2012）年5月に㈱神門（社名は町内の観光名所「神門の滝」にちなんだもの）を立ち上げ、ダッタンソバの新品種「満天きらり」の栽培に取り組むことになりました。㈱神門は、試験栽培等の準備段階を経て、平成25（2013）年度から上幌内地区の耕作放棄地再生利用によるダッタンソバの栽培に着手し、上幌内地区の耕作放棄地はほぼ解消されました。

（注）「満天きらり」：ダッタンソバは、寒冷地での栽培が可能で、毛細血管を強化して血圧安定に効果のあるルチンが豊富で健康食材として注目されていました。しかしながら、ダッタンソバは、ロシアや中国の標高が高い地域で成育する寒冷地作物で、別名「にがソバ」と呼ばれるように、その苦味が特徴で、それは、普通のソバよりも豊富に含まれるルチンが水に溶けやすく、分解するとケルセチンという苦味成分が生成されるためで、健康食材として注目されても、食材消費需要は期待したほどの伸びがありませんでした。そうした食味等の面でのダッタンソバの課題解決にむけて、農研機構・北農研センターが取り組み、開発した新品種「満天きらり」は、従来種の「北海T8号」に比べ、ルチンが分解されにくく、ソバをゆでた後の含有量は40倍以上、血圧安定効果に加え、苦味が少なく、需要増が期待される世界初の画期的な品種となった（平成24年5月品種登録出願）。

●活動体制

㈱神門の社長に就任した前町長は、設立（平成24年5月）後間もない、同年8月、72歳で病で急逝しました。前町長の死後、㈱神門の立ち上げメンバーの1人である前町長の実弟が社長職を引き継ぎました（就任時71歳）。二代目社長は、平成23（2011）年に長年勤めていた水産加工会社を退職、同年、㈲おうむアグリファームに再就職し、ダッタンソバの栽培を担当し、㈱神門の設立当初から、自らトラクターを操縦して畑の耕しや、種まき、収穫も手がけ、管理作業を担当してきました。平成25（２０１３）年春からは、町出身Uターン者で、当時28歳の青年が社員として加わり、中核を担う後継者となり、専務取締役として活動していました。平成27（２０１５）年11月、前町長の実弟の二代目社長が体調不良で社長を辞任しました。三代目社長は、町役場農林課基盤整備係長、産業振興課長、雄武町教育委員会教育振興課長を歴任し、ダッタンソバの産業化、㈱神門の設立と、その事業展開にも関わり、同年３月に町役場を定年退職したＩＫ氏が引き継ぎました（専務取締役の青年はＩＫ氏の息子）。㈱神門の出資者は、前社長、現社長、現専務、酪農家２名、地元食品会社社長（興部町）の６名です。

●経営概要

①資本金：５５０万円（出資者６名）

②経営耕地面積（平成27年度）：１７０㌶（利用権設定による借地）

③稼働人員：役員２名（社長・60歳、専務・29歳）、季節雇用者の男性３名（20歳代１名、30歳代１名、60歳代１名）

（季節雇用期間は５～11月で、冬場は土建関係の臨時雇用に就労しているが、平成27年度途中で製粉貯蔵施設が建設され、平成28年度以降、作付規模の拡大と同時に、製粉加工・販売事業等、事業拡大が図られるので、20歳代、30歳代の季節雇用者は通年雇用に切り替え、正社員化を図る予定）

●活動内容

●耕作放棄地の再生利用の取り組み

㈱神門の法人設立初年度（平成24年度）のダッタンソバの作付面積は12㌶で、最初は「㈲おうむアグリファーム」の圃場を借りてのスタートでしたが、2年目の平成25（2013）年度からは、国の「耕作放棄地再生利用緊急対策」を活用し、耕作放棄地再生利用が懸案だった上幌内地区の耕作放棄地再生利用に着手しました。

㈱神門は、国の「耕作放棄地再生利用緊急対策」を活用するために、5年間の「再生利用実施計画」を立て、上幌内地区の耕作放棄地再生利用を中心に取り組み、ダッタンソバ栽培面積（うち耕作放棄地再生利用）を2年目の平成25（2013）年度には55ヘクタール（48・09ヘクタール）、3年目には150ヘクタール（139・97ヘクタール）、4年目には170ヘクタール（159・01ヘクタール）へと拡大してきました。そして、5年目の平成28（2016）年度計画では、200ヘクタール（179・0ヘクタール）としています。㈱神門が設立2年目から4年目までの3年間の取り組みで拡大したダッタンソバの栽培農地は、すべて利用権設定の借地で、その9割以上が耕作放棄地再生利用によるものでした。

上幌内地区の農地は、粘土質で排水不良で、石が多く、㈱神門は、交付金「施設補完整備事業」により暗きょ排水を設置し、そこに町産ホタテの貝殻を粉砕して使って効果を上げましたが、圃場作業では依然として大小さまざまな石が出るため、作業用機械への影響が懸念されており、耕作放棄地には、それなりの理由がある点に留意しておく必要があります。

●土地利用集積の取り組み

㈱神門が利用権設定した農地は、地権者が合計13名、うち9名が町外在住者で、利用権設定期間はすべて6年、また、地代は一律10アールあたり1000円としています。利用権設定にあたっての地権者の所在確認や地権者との連絡および交渉などについては、㈱神門も当事者として取り組んできましたが、耕作放棄地の再生利用に関わる土地利用集積については、町農業委員会の耕作放棄地解消活動による支援サポートが大きく、参考までに、平成26（２０１４）年11月7日付「全国農業新聞（北海道版）」掲載の関連記事を抜粋しておきます。

「オホーツク管内雄武町では、農家の高齢化や離農などで耕作放棄地が３００㌶を超えた年もあった。町農業委員会（吉田隆好会長）は、あっせん活動による地道な取り組みを通して直近5年で１４５㌶を解消。加えて、前町長が立ち上げた新設法人の取り組みで１３２㌶の合計２７７㌶が解消された」

「農業委員会では、平成20（２００８）年から平成25（２０１３）年までの農地パトロールで累計４２６㌶の耕作放棄地を確認。発生の背景には、毎年1戸強の離農によって受け手のいない農地が残されることがある。そこで、当該地域の農業委員が中心となって、耕作放棄地の状態が売買や賃貸を行えるかを確認。可能な場合は所有者の意向を確かめ、地域で受け手を探すなどあっせん活動に努めている。中には、所有者が亡くなり、農地基本台帳や登記簿だけでは現在の所有者が分からない場合があった。地域の人に相続者などを尋ねて分からない時は、農業委員会が職権に基づき役場税務課に地番と当時の所有者の氏名を伝えて照会するなどして相続者を探し出した。見つかった相続者と手紙や電話などで連絡がつかない場合や、途中で連絡が取れなくなってしまった場合には事務局員が自宅を訪問した。町外では名寄市、旭川市や北見市まで出向いた」

「賃貸契約で、所有者の理解を得るのに農業委員会の働きが大きかった」

●ダッタンソバ生産・加工の取り組み

㈱神門のダッタンソバの栽培面積・収穫量は、平成24（2012）年度12ヘクタール・13トン、平成25（2013）年度55ヘクタール・25トン、平成26（2014）年度150ヘクタール・130トン、平成27（2015）年度170ヘクタール・75トンでした。

ダッタンソバ1俵は45キロですので、各年度の平均単収（10アールあたり）は、平成24年度2・4俵、平成25年度1・0俵、平成26年度1・9俵、平成27年度1・0俵であり、単収のバラツキが指摘されます。

1年目（平成24年度）の単収が2・4俵で高かったのは、相対的に地力水準の高い「㈲おうむアグリファーム」所有の圃場での生産であったためで、2年目（平成25年度）と4年目（平成27年度）の単収が1・0俵で低かったのは、2年目は野生鹿の食害、4年目は台風被害でした。野生鹿の食害の対策については、すでに栽培期間中に設置する電気防護柵（太陽パネル電源使用）を用意しています。

国の直接支払交付金の要件として、ソバの場合、実需者等と播種前契約を結ぶ必要がありますが、㈱神門の場合、ダッタンソバ生産を苦味が少なく良食味の機能性食材（血圧安定効果）として注目されている「満天きらり」に特化したことから、問屋経由や直接販売など、すでに複数の販売ルートを有し、また、「満天きらり」は乾麺やシフォンケーキなどの菓子類、パン、ガレット、茶など、幅広い用途があるので、大手食品メーカーをはじめ企業からの問い合わせも多くあります。

㈱神門では、生産したダッタンソバは、初年度から3年度（平成24～26年度）までは自社製粉施設がなかったので、玄ソバで販売してきましたが、4年度（平成27年度）途中で、自社製粉による付加価値が増え（1俵あたり玄ソバ8千円、ソバ粉2万7千円）、季節雇用者の通年雇用化を図るために、国の「耕作放棄地再生利用緊急対策」を活用して製粉貯蔵施設を導入し、3分の1をソバ粉で販売することにしました。設置した製粉貯蔵施設は鉄骨造り平屋、延べ床面積は約350平方メートルで、1時間あたり約1俵（45キロ）を処理するロール式製粉機を設置し、また、温度を15度以下に保つ玄ソバ貯蔵庫や製粉したソバ粉の保管室を備えていて、5年度（平成28年度）に石臼製粉機2台とロール式製粉機1台を追加する予定です。

㈱神門では、製粉貯蔵施設の導入について、自社製粉によってトレーサビリティ（生産履歴）が確保でき、産地偽装への不安を抱く取引先への信頼を高めることができると同時に、日本食のニーズが高まる東南アジアなどへの輸出も検討できるようになったとしています。さらに、そば打ち体験施設や地元食品メーカーとの連携で自社プライベートブランド商品（独自に企画したブランドで販売する商品）を販売する売店を製粉貯蔵施設の隣に建設することを構想し、6次産業化を図り、交流人口の拡大や雇用の確保につなげたいとしています。

●広大な農地の荒廃化した地域での地域農業再生をめざすビジネスモデル

国際経済のグローバル化、農産物輸入自由化の進展に伴った産地間競争が激化する中で脱落し、離農する酪農家が続出した雄武町で、消滅集落となった集落の農業再生をめざし、前町長（故人）は、農研機構・北農研センターと連携して、町の農業振興プロジェクトチームを立ち上げました。

前町長は、病気で町長職を退いた後、消滅集落の荒廃した遊休農地を再生利用すべきだとする使命感を持って、町内有志と共に㈱神門を設立しました。㈱神門の社長に就任した前町長は、就任後、間もなく亡くなりますが、前町長から引き継いだ㈱神門は、産学官連携に基づくダッタンソバ新品種（満天きらり）の栽培に成功し、行政支援や農業委員会のサポートを得て、ダッタンソバの生産拡大をめざし、大規模な耕作放棄地再生利用、農地利用集積を実現し、消滅集落農地の復活を成し遂げました。

ちなみに、㈱神門は、活動期間3年間（平成25〜27年）の取り組みで159㌶の耕作放棄地を解消し、経営耕地は全体で170㌶となりました。そして、さらに、ダッタンソバの加工・販売に取り組み、地域活性化を図る6次産業化をめざし、活動範囲を広げています。

㈱神門の取り組みは、広大な農地が荒廃化した地域での地域農業再生をめざすビジネスモデルとして評価されます。

全国農業図書「耕作放棄地解消活動事例集　Vol.8」参照。

〈メモ〉

おわりに

「遊休農地対策」の取り組みにあたって重視すべき事項

これまで、全国農業会議所・全国農業新聞主催「耕作放棄地発生防止・解消活動表彰事業」（平成20～29年度、10回実施）に受賞した上位受賞団体組織の活動内容を分析し、この間、全国的に行われてきた耕作放棄地発生防止・解消活動の特徴を把握したうえで、上位受賞団体組織の中の優良事例を取り上げ、遊休農地対策として、学ぶべき活動ポイントを示しておきましたが、最後に、以上の結果を踏まえて、今後の遊休農地対策の取り組みにあたって、重視すべき点を指摘しておきます。

■地域の実態を踏まえた本気で取り組む活動体制の整備

今後、農業委員会は、法令業務として「農地利用状況調査」「農地利用意向調査」「遊休農地に関する措置」を実施すると同時に、農業委員の担当地区ごとに、農地の利用調整などの現場活動を担う農地利用最適化推進委員と一体となって、重点業務である「農地利用の最適化」に取り組んでいくことになりますが、**期待通りの成果を得るため**には、形式的な取り組みに終わることなく、耕作放棄地の発生原因や荒廃状況、権利関係、荒廃農地の再生利用可能な主体の有無・状態や利用内容等々、地域の実態を踏まえた本気で取り組む活動体制を整備していくことが必要です。

ちなみに、優良事例として取り上げた静岡県島田市農業委員会の「事務局への適切な人材配置」、青森県弘前市農業委員会の「『農地活用支援隊』の立ち上げ、地域の人材活用」、岩手県遠野市農業委員会の「関係機関との危機意識の共有、緊密に連携した活動」、長崎県松浦市農業委員会の「地域の実情に合った独自のものにアレンジした遊休農地対策」にみられたような活動体制の整備が必要です。

■農村版コミュニティビジネスとしての新しい担い手への支援

いま、どこの地域でも、耕作放棄地再生利用にあたっては、誰が引き受け、何をつくるか等々が問題となっている中で、**農村版コミュニティビジネスとしての役割を果たしている集落営農法人、JA出資型農業法人、農業参入企業法人など、新しい担い手の取り組みが注目されており、そうした活動主体への支援を強めていくことが必要です。**

ちなみに、集落営農法人の場合は、優良事例として取り上げた農事組合法人「福の里」（山口県阿武町）および一般社団法人「月誉平栗の里」（長野県飯島町）のごとく、みんなで集落の土地を守り、地域農業を継続していくために、分散錯圃の弊害を克服した集団的土地利用体制を立ち上げ、耕作放棄地の発生防止、荒廃農地の再生利用を図っているような活動を普及していく必要があります。

また、JA出資型農業法人の場合は、模範的な優良事例として取り上げた「㈲信州うえだファーム」（長野県上田市）および「㈱とぴあふぁー夢」（静岡県浜松市）のごとく、地域農業を守り、地域活性化をめざし、「農地利用集積」「新規作物導入」「担い手育成」等々、遊休農地対策に必要な活動を積極的に、かつ、総合的に取り組む活動主体を支援し、普及していく必要があります。

さらに、農業参入企業法人についていえば、いずれも地元の農業参入企業で、「建設業の重機・技術で荒廃農地の再生利用、新たな地域農業の展開」に貢献している「㈱ファームかずと」（長野県信濃町）、「異業種連携で地域特産の復活をめざし、荒廃農地を白いソバ畑に」し、6次産業化に取り組んでいる「㈱かまくら屋」（長野県松本市）、「産学官連携の新品種ダッタンソバ生産拡大、消滅集落の農地利用を復活」した「㈱神門」（北海道雄武町）のように、コミュニティビジネスとしての役割を果たす企業の受け入れを積極的に支援していく必要があります。

■荒廃農地の再生利用・有効活用のための新技術導入・資金調達への支援

荒廃農地の再生利用・有効活用を図り、すすめていくにあたっては、以上のように、どの様な担い手を、どの様に確保し、どの様に育成していくか、すなわち、〃人〃の確保が、いうまでもなく、重要なポイントとなりますが、同時に、**遊休農地の有効活用、かつ持続的活用を実現するためには、それに相応しい、担い手の生産・加工・販売、6次産業化など、新しい経営体制をどの様に確立するかが重要なポイントとなります。**

ちなみに、優良事例として紹介した事例9「㈱ファームかずと」（長野県信濃町）の場合、農林水産省の補助金を活用し、商標登録した〃ファームかずとの超冷凍フルーツ！〃に関わる新技術の開発・導入が、遊休農地の有効活用、事業の持続的展開に重要な役割を果たしており、また、事例11「㈱神門」（北海道雄武町）の場合、農研機構・北海道農業研究センターが開発したダッタンソバの新品種「満天きらり」を同センターとの連携・支援によって栽培技術を確立したことが、ダッタンソバの生産拡大、消滅集落の農地利用の復活に大きな役割を果たしています。

要するに、耕作放棄地の再生利用、遊休農地の有効活用をすすめていくには、人の確保支援と同時に、それを支える新しい技術の導入、新技術導入のための資金の調達が必要です。したがって、新技術導入・資金調達への支援が重要なポイントになります。

■多様な活動主体の多面的な活動に対する支援

また、NPO法人や地域住民組織（任意）等々、多様な活動主体による景観作物（菜種、向日葵）やビオトープ等々、農業・農村の多面的機能の維持のための耕作放棄地解消活動、また、市民農園、学童農園（食育）、体験農園、都市農村交流等々、地域活性化に結びつけた遊休農地の有効活用の取り組みなど、多様な活動主体の多面的な活動にも目をむけ、積極的に支援していく必要があります。

資料１　耕作放棄地発生防止・解消活動表彰事業実施要領

耕作放棄地発生防止・解消活動表彰事業実施要領

平成20年７月１日
改正：平成26年３月１日
改正：平成28年４月１日
一般社団法人全国農業会議所
全国農業新聞

（目的）

第１　食料自給率の向上をめざす農業委員会系統組織の運動である「農地を活かし、担い手を応援する全国運動」推進の一環として、耕作放棄地発生防止・解消活動表彰事業を創設し、地域において耕作放棄地の発生防止・解消活動を展開している団体等で、その取り組みや成果が他の範となる者を顕彰し広く普及することにより、今後の耕作放棄地対策の促進に資することとする。

（実施主体）

第２　実施は一般社団法人全国農業会議所（以下、「(一社）全国農業会議所」という。）・全国農業新聞が行う。

（実施期間）

第３　実施期間は平成25～29年度までの５年間とする（平成20～24年度までの5年間は旧実施要領)。

（表彰対象）

第４　この要領により表彰を受けるものは、概ね３年以上にわたり耕作放棄地の発生防止・解消活動を実施している農用地利用改善団体、集落営農組織、農業委員会、ＪＡ、農業法人、農業参入企業、ＮＰＯ法人、市町村農業公社、土地改良区、市町村等の活動主体（個人は対象としない）とする。

（応募）

第５　応募は自薦・他薦を問わず広く公募することとし、関係機関・団体の協力を得て事業ＰＲを実施する。応募申込者は応募申込書に必要事項を記入の上、関係資料を添付して都道府県農業会議に提出する。

（審査方法）

第６　都道府県農業会議の選考委員会において、第４の「表彰対象」における「農業委員会（分類１)」、「農業法人、農業参入企業（分類２)」、「その他（分類３)」の３つの活動主体分類ごとに最も優れた団体を選定し、(一社）全国農業会議所に推薦する。推薦を受けた（一社）全国農業会議所は、中央審査委員会において審査を行う。また、審査を円滑に進めるため、中央審査委員会のもとに小委員会を置き、小委員会において書類審査・現地調査を行い、複数点を各賞候補として中央審査委員会に推薦する。中央審査委員会は小委員会から推薦された複数点の候補から各賞（農林水産大臣賞１点、農村振興局長賞１点）を決定する。

なお、農林水産大臣賞、農村振興局長賞とは別に、全国農業会議所会長賞、全国農業新聞賞を若干点交付するものとし、全国農業会議所会長賞の中で特に優れたものがあれば、全国農業会議所会長特別賞を出すことができるものとする。

（選定基準）

第７　耕作放棄地の発生防止・解消活動が、地域の農地の利用促進や保全管理において大きな役割を果たし、他地域での実践の模範となって波及効果が期待でき、次の選定基準のいずれかに優れた成果をあげているものを選定する。具体的な選定基準は次の通りとする。

①耕作放棄地の発生防止・解消のための活動体制を整備し、啓発活動や実践活動を通じて地域の農地の利用促進等を継続的に図っていること。

②耕作放棄地の発生防止・解消活動による成果として、担い手への農地利用集積等の実績を上げていること。

③新規作物や地域特産物を導入する等により地域農業の発展に寄与していること。

④耕作放棄地の発生防止・解消活動を契機として、農業体験活動や都市農村交流等が推進され、地域の活性化に結びついていること。

⑤地域の農業者や住民による活動により、農業・農村の有する多面的機能の適切かつ十分な発揮に結びついていること。

⑥飼料作物の生産や放牧利用、緑資源の確保等に結びついていること。

⑦その他、耕作放棄地の発生防止・解消に寄与していること。

（表彰式の挙行）

第８　毎年５月末に（一社）全国農業会議所が開催する「全国農業委員会会長大会」において表彰を行う。

（表彰後の措置）

第９　表彰された活動は全国農業新聞の紙面に掲載するとともに、「耕作放棄地発生防止・解消活動表彰事業事例集」を作成し、関係機関・団体に配布する。

資料２　耕作放棄地発生防止・解消活動表彰事業受賞組織一覧

●平成 20 年度（第 1 回）. 29 件（No. 1 ～ 29）

No.	賞　名	都道府県	市町村	組　織　名	活動主体分類
1	農林水産大臣賞	山形県	天童市	天童市農業委員会	①農業委員会
2	農村振興局長賞	福島県	二本松市	NPO 法人「ゆうきの里」 東和ふるさとづくり協議会	③その他
3	全国農業会議所会長特別賞	福井県	あわら市	あわら市農業委員会	①農業委員
4		鹿児島県	阿久根市	株式会社 枦産業	②農業法人･農業参入企業
5	全国農業会議所会長賞	神奈川県	秦野市	秦野市農業委員会	①農業委員会
6		富山県	南砺市	「みんなで農作業の日」in 五箇山実行委員会	③その他
7		愛知県	田原市	NPO 法人 田原菜の花エコネットワーク	③その他
8		奈良県	宇陀市	有限会社 類農園	②農業法人･農業参入企業
9		香川県	観音寺市	観音寺市農業委員会	①農業委員会
10		佐賀県	太良町	太良町農業委員会	①農業委員会
11	全国農業新聞賞	岩手県	葛巻町	葛巻町農業委員会	①農業委員会
12		青森県	十和田市	有限会社 十和田湖高原ファーム	②農業法人･農業参入企業
13		群馬県	渋川市	渋川市農業委員会	①農業委員会
14		千葉県	鴨川市	鴨川市曽呂地区環境保全組合	③その他
15		岐阜県	瑞浪市	中山間平山集落	③その他
16		岐阜県	中津川市	付知農産加工グループ	③その他
17		静岡県	松崎町	石部棚田保存会	③その他
18		新潟県	長岡市	環境保全「大河津ネット」高内活動班	③その他
19		新潟県	佐渡市	小倉千枚田復活事業支援協議会	③その他
20		長野県	上田市	稲倉棚田保全委員会	③その他
21		滋賀県	大津市	アグリこんなもんや会	③その他
22		大阪府	堺市	堺市農業委員会	①農業委員会
23		兵庫県	香美町	香美町農業委員会	①農業委員会
24		和歌山県	印南町	印南町農業委員会	①農業委員会
25		島根県	浜田市	しろやま営農共同利用組合	③その他
26		岡山県	矢掛町	下高末棚田保全組合	③その他
27		福岡県	直方市	直方市農業委員会	①農業委員会
28		長崎県	諫早市	諫早市農業委員会	①農業委員会
29		宮崎県	西都市	西都市農業委員会	①農業委員会

●平成 21 年度（第2回）. 25 件（No. 30 ～ 54）

No.	賞　名	都道府県	市町村	組　織　名	活動主体分類
30	農林水産大臣賞	福島県	南会津町	有限会社 F.K. ファーム	②農業法人･農業参入企業
31	農村振興局長賞	香川県	小豆島町	小豆島町	③その他
32	全国農業会議所会長特別賞	奈良県	斑鳩町	斑鳩町農業委員会	①農業委員会
33		大分県	臼杵市	臼杵市農業委員会	①農業委員会
34	全国農業会議所会長賞	岩手県	山田町	山田町農業委員会	①農業委員会
35		群馬県	前橋市	農事組合法人 鼻毛石機械利用組合	②農業法人･農業参入企業
36		富山県	砺波市	砺波市農業委員会	①農業委員会
37		長野県	飯田市	上久堅地区農業振興会議	③その他
38		京都府	城陽市	城陽市農業委員会	①農業委員会
39		岡山県	美作市	農事組合法人 赤田営農センター	②その他
40	全国農業新聞賞	秋田県	三種町	NPO 法人一里塚	③その他
41		山形県	酒田市	酒田市農業委員会	①農業委員会

42	全国農業新聞賞	千葉県	香取市	貝塚地域資源環境を守る会	③その他
43		新潟県	阿賀町	麦生野農家組合	③その他
44		石川県	輪島市	NPO 法人やすらぎの里・金蔵学校	③その他
45		福井県	越前市	越前市農業委員会	①農業委員会
46		大阪府	箕面市	箕面市農業委員会	①農業委員会
47		大阪府	貝塚市	貝塚市木積土地改良区	③その他
48		兵庫県	豊岡市	豊岡市農業委員会	①農業委員会
49		鳥取県	境港市	財団法人境港市農業公社	③その他
50		山口県	田布施町	田布施町農業委員会	①農業委員会
51		徳島県	つるぎ町	つるぎ町地産地消推進協議会	③その他
52		佐賀県	吉野ヶ里町	吉野ヶ里町にんにく部会	③その他
53		長崎県	松浦市	松浦市農業委員会	①農業委員会
54		鹿児島県	西之表市	有限会社 西田農産	②農業法人･農業参入企業

●平成22年度（第3回）．32件（№55～86）

№	賞名	都道府県	市町村	組織名	活動主体分類
55	農林水産大臣賞	長崎県	五島市	五島市農業委員会	①農業委員会
56	農村振興局長賞	岐阜県	高山市	株式会社 和仁農園	②農業法人･農業参入企業
57	全国農業会議所会長特別賞	静岡県	掛川市	掛川市農業委員会	①農業委員会
58		富山県	立山町	立山町農業委員会	①農業委員会
59	全国農業会議所会長賞	青森県	横浜町	NPO 法人菜の花トラスト in 横浜町	③その他
60		新潟県	上越市	株式会社 じょうえつ東京農大	②農業法人･農業参入企業
61		石川県	七尾市	株式会社 スギヨ	②農業法人･農業参入企業
62		兵庫県	加古川市	株式会社 ふあーみんサポート東はりま	②農業法人･農業参入企業
63		香川県	綾川町	有限会社 綾歌南部農業振興公社	③その他
64		沖縄県	東村	東村農業委員会	①農業委員会
65	全国農業新聞賞	岩手県	一関市	社会福祉法人 平成会	③その他
66		宮城県	角田市	農事組合法人 耕人ファーム角田	②農業法人･農業参入企業
67		山形県	鶴岡市	鶴岡市農業委員会	①農業委員会
68		福島県	本宮市	株式会社 福舞里	②農業法人･農業参入企業
69		茨城県	常陸太田市	有限会社 水府愛農会	②農業法人･農業参入企業
70		千葉県	袖ヶ浦市	袖ヶ浦市農業委員会	①農業委員会
71		神奈川県	南足柄市	あしがらユートピア	③その他
72		愛知県	豊田市	豊田市農ライフ創生センター	③その他
73		三重県	名張市	名張市農業委員会	①農業委員会
74		福井県	小浜市	くぼたん米舞倶楽部	③その他
75		長野県	松本市	縄文の丘中山そば振興会	③その他
76		京都府	綾部市	古井営農組合	③その他
77		大阪府	阪南市	阪南市農業委員会	①農業委員会
78		大阪府	松原市	松原市三宅町土地改良区	③その他
79		鳥取県	倉吉市	倉吉市農業委員会	①農業委員会
80		広島県	尾道市	株式会社 元気丸	②農業法人･農業参入企業
81		徳島県	三好市	馬路地域ふるさと保全協働活動推進協議会	③その他
82		愛媛県	上島町	NPO 法人豊かな食の島岩城農村塾	③その他
83		佐賀県	佐賀市	佐賀市耕作放棄地対策協議会	③その他
84		熊本県	天草市	天草市農業委員会	①農業委員会
85		大分県	杵築市	大田村土地改良区	③その他
86		鹿児島県	龍郷町	龍郷町耕作放棄地対策協議会	③その他

●平成 23 年度（第 4 回）．26 件（No.87 ～ 112）

No.	賞 名	都道府県	市町村	組 織 名	活動主体分類
87	農林水産大臣賞	鳥取県	境港市	有限会社 岡野農場	②農業法人・農業参入企業
88	農村振興局長賞	福島県	飯舘村	合同会社 福相農園	②農業法人・農業参入企業
89	全国農業会議所会長特別賞	富山県	小矢部市	小矢部市農業委員会	①農業委員会
90		香川県	東かがわ市	東かがわ市農業委員会	①農業委員会
91	全国農業会議所会長賞	埼玉県	本庄市	小和瀬農村環境保全協議会	③その他
92		千葉県	香取市	農事組合法人 新里営農組合	②農業法人・農業参入企業
93		静岡県	袋井市	袋井市農業委員会	①農業委員会
94		新潟県	十日町市	馬場共同機械利用組合	③その他
95		京都府	福知山市	有限会社 やくの農業振興団・そばＧの会	③その他
96		沖縄県	名護市	名護市農業委員会	①農業委員会
97	全国農業新聞賞	岩手県	盛岡市	社会福祉法人岩手更生会	③その他
98		秋田県	由利本荘市	株式会社 秋田ニューバイオファーム	②農業法人・農業参入企業
99		埼玉県	さいたま市	鹿室農家組合親睦会	③その他
100		山梨県	甲府市	甲府市農業委員会	①農業委員会
101		三重県	四日市市	NPO 法人四日市農地活用協議会	③その他
102		石川県	珠洲市	農事組合法人 きずな	②農業法人・農業参入企業
103		福井県	敦賀市	五幡地区農業生産組合	③その他
104		大阪府	大阪市	財団法人大阪府みどり公社	③その他
105		徳島県	東みよし町	阿波みよし農業協同組合	③その他
106		愛媛県	西条市	有限会社 遠赤有機農園	②農業法人・農業参入企業
107		高知県	南国市	南国市農業委員会	①農業委員会
108		福岡県	筑紫野市	農業生産法人有限会社ちくごファーム	②農業法人・農業参入企業
109		長崎県	波佐見町	波佐見町農業委員会	①農業委員会
110		熊本県	玉名市	玉名市農業委員会	①農業委員会
111		大分県	別府市	内成の棚田とむらづくりを考える会・内成活性化協議会	③その他
112		鹿児島県	伊佐市	伊佐市農業委員会	①農業委員会

●平成 24 年度（第 5 回）．31 件（No.113 ～ 143）

No.	賞 名	都道府県	市町村	組 織 名	活動主体分類
113	農林水産大臣賞	岩手県	葛巻町	葛巻町農業委員会	①農業委員会
114	農村振興局長賞	岐阜県	恵那市	有限会社 恵那栗	②農業法人・農業参入企業
115	全国農業会議所会長特別賞	静岡県	御前崎市	御前崎市荒廃農地対策協議会	③その他
116		長野県	上田市	陣場台地研究委員会	③その他
117	全国農業会議所会長賞	北海道	深川市	深川市農業委員会	①農業委員会
118		秋田県	鹿角市	農事組合法人 大里ファーム	②農業法人・農業参入企業
119		東京都	町田市	町田市農地利用集積円滑化団体	③その他
120		京都府	京丹後市	京丹後市農業技術者協議会	③その他
121		鳥取県	江府町	株式会社 かわばた	②農業法人・農業参入企業
122		香川県	三豊市	三豊市担い手育成総合支援協議会	③その他
123	全国農業新聞賞	山形県	天童市	三郷堰土地改良区	③その他
124		福島県	南会津町	南会津町川島区	③その他
125		茨城県	常陸大宮市	常陸大宮市農業委員会	①農業委員会
126		栃木県	益子町	益子町耕作放棄地対策協議会	③その他
127		群馬県	太田市	太田市農業委員会	①農業委員会
128		神奈川県	藤沢市	宮原耕地検討委員会	③その他
129		愛知県	豊田市	なのはな農園株式会社	②農業法人・農業参入企業

130	全国農業新聞賞	新潟県	胎内市	大長谷山菜組合	③その他
131		富山県	魚津市	魚津市農業委員会	①農業委員会
132		石川県	能登町	能登町農業活性化協議会	③その他
133		福井県	あわら市	エコフィールドとみつ	③その他
134		大阪府	箕面市	箕面市新稲地区農空間保全協議会	③その他
135		大阪府	河南町	河南町芹生谷･馬谷･中地区農空間保全協議会	③その他
136		兵庫県	たつの市	たつの市農業委員会	①農業委員会
137		島根県	隠岐の島町	隠岐の島地域農業再生協議会	③その他
138		岡山県	笠岡市	奥山営農組合	③その他
139		愛媛県	鬼北町	企業組合ひろみ川	③その他
140		佐賀県	武雄市	農事組合法人 武雄そだちレモングラスハッピーファーマーズ	②農業法人･農業参入企業
141		長崎県	諫早市	NPO 法人拓生会	③その他
142		熊本県	水俣市他	株式会社 それいゆアグリ	②農業法人･農業参入企業
143		鹿児島県	南さつま市	生活協同組合コープかごしま	③その他

●平成 25 年度（第6回）．25 件（No. 144 ～ 168）

No.	賞 名	都道府県	市町村	組 織 名	活動主体分類
144	農林水産大臣賞	長野県	松本市他	農業生産法人 株式会社かまくら屋	②農業法人･農業参入企業
145	農村振興局長賞	沖縄県	宮古島市	宮古島市農業委員会	①農業委員会
146	全国農業会議所会長特別賞	秋田県	秋田市	合同会社 大地	②農業法人･農業参入企業
147		山口県	阿武町	農事組合法人 福の里	②農業法人･農業参入企業
148	全国農業会議所会長賞	岩手県	住田町	住田町農業委員会	①農業委員会
149		群馬県	前橋市	前橋市農業委員会	①農業委員会
150		静岡県	浜松市	株式会社 知久	②農業法人･農業参入企業
151		兵庫県	新温泉町	丹土鶴谷放牧組合（丹土集落）	③その他
152		熊本県	荒尾市	荒尾市農業委員会	①農業委員会
153		大分県	豊後高田市	花いっぱい運動推進グループ / 長崎鼻 B･K ネット	③その他
154	全国農業新聞賞	茨城県	笠間市	株式会社 ヴァレンチア	②農業法人･農業参入企業
155		埼玉県	秩父市	栃谷ふるさとづくりの会	③その他
156		神奈川県	相模原市	相模原市耕作放棄地対策協議会	③その他
157		山梨県	北杜市	農業生産法人 株式会社 ハーベジファーム	②農業法人･農業参入企業
158		新潟県	新潟市	新潟市北区農業委員会	①農業委員会
159		富山県	氷見市	氷見市農業委員会	①農業委員会
160		石川県	津幡町	津幡町農業委員会	①農業委員会
161		福井県	あわら市	特定非営利活動法人 ビアファーム	③その他
162		京都府	与謝野町	与謝野町担い手育成総合支援協議会	③その他
163		大阪府	八尾市	八尾市農業委員会	①農業委員会
164		奈良県	生駒市	生駒市経済振興課	③その他
165		岡山県	真庭市	株式会社 大和建設	②農業法人･農業参入企業
166		香川県	三木町	三木町農業委員会	①農業委員会
167		愛媛県	宇和島市	特定非営利活動法人段畑を守る会	③その他
168		鹿児島県	奄美市	奄美市担い手育成総合支援協議会	③その他

●平成 26 年度（第7回）．19 件（No. 169 ～ 187）

No.	賞 名	都道府県	市町村	組 織 名	活動主体分類
169	農林水産大臣賞	静岡県	島田市	島田市農業委員会	①農業委員会
170	農村振興局長賞	鹿児島県	日置市	株式会社 三窪建設	②農業法人･農業参入企業
171	全国農業会議所会長特別賞	岩手県	久慈市	久慈市農業委員会	①農業委員会
172		長野県	飯島町	一般社団法人 月誉平栗の里	③その他

173	全国農業会議所会長賞	栃木県	鹿沼市	鹿沼市農業委員会	①農業委員会
174		埼玉県	川越市等	いるま野農業協同組合	③その他
175		新潟県	新潟市	新潟市西区農業委員会	①農業委員会
176		京都府	京田辺市	京田辺市農業委員会	①農業委員会
177		香川県	多度津町	多度津オリーブ部会（生産者組織）	③その他
178		沖縄県	うるま市	うるま市農業委員会	①農業委員会
179	全国農業新聞賞	千葉県	成田市	伊能歌舞伎米研究会	③その他
180		神奈川県	鎌倉市	鎌倉市農業委員会	①農業委員会
181		富山県	富山市	富山市農業委員会	①農業委員会
182		福井県	若狭町	能登野里山営農組合	③その他
183		兵庫県	加古川市	農事組合法人 志方東営農組合	③その他
184		奈良県	大和郡山市	大和郡山市農業委員会	①農業委員会
185		鳥取県	琴浦町	琴浦町農業委員会	①農業委員会
186		熊本県	人吉市	人吉市農業委員会	①農業委員会
187		鹿児島県	南九州市	南九州市農業委員会	①農業委員会

●平成 27 年度（第8回）．31 件（No. 188 ～ 218）

No.	賞　名	都道府県	市町村	組　織　名	活動主体分類
188	農林水産大臣賞	北海道	雄武町	株式会社 神門	②農業法人·農業参入企業
189	農村振興局長賞	青森県	弘前市	弘前市農業委員会	①農業委員会
190	全国農業会議所会長特別賞	静岡県	浜松市	有限会社 コスモグリーン庭好	②農業法人·農業参入企業
191		兵庫県	加古川市	株式会社 ふぁーみんサポート東はりま	②農業法人·農業参入企業
192	全国農業会議所会長賞	岩手県	一関市	社会福祉法人 平成会	③その他
193		千葉県	香取市	農事組合法人 新里営農組合	②農業法人·農業参入企業
194		石川県	津幡町	株式会社 JA アグリサポートかほく	②農業法人·農業参入企業
195		福井県	美浜町	農事組合法人 新庄わいわい楽舎	②農業法人·農業参入企業
196		長野県	伊那市	農事組合法人 田原	②農業法人·農業参入企業
197		香川県	善通寺市	公益財団法人 善通寺市農地管理公社	③その他
198	全国農業新聞賞	宮城県	登米市	有限会社 コピア	②農業法人·農業参入企業
199		秋田県	由利本荘市	NPO 法人あきた菜の花ネットワーク	③その他
200		山形県	飯豊町	松原地区遊休農地利用協議会	③その他
201		茨城県	下妻市	下妻市担い手育成総合支援協議会	③その他
202		栃木県	足利市	足利市農業委員会	①農業委員会
203		埼玉県	滑川町	滑川町農業委員会	①農業委員会
204		山梨県	北杜市	NPO 法人えがおつなげて	③その他
205		新潟県	長岡市	菜の花・油プロジェクト高内栽培組合	③その他
206		富山県	砺波市	砺波市農業委員会	①農業委員会
207		奈良県	生駒市	生駒市農業委員会	①農業委員会
208		島根県	松江市	ふるさとファーム桑下	②農業法人·農業参入企業
209		島根県	出雲市	島根県農業協同組合出雲地区本部	③その他
210		岡山県	瀬戸内市	JA 岡山せとうちレモン部会	③その他
211		山口県	岩国市	農事組合法人 むかたお・向垰土地改良区	②農業法人·農業参入企業
212		徳島県	三好市	社会福祉法人 池田博愛会	③その他
213		愛媛県	松野町	株式会社 松野町農林公社	③その他
214		高知県	土佐清水市	土佐清水市農業委員会	①農業委員会
215		長崎県	西海市	丸田地区基盤整備推進委員会	③その他
216		熊本県	熊本市	有限会社 アグリテック	②農業法人·農業参入企業
217		宮崎県	西都市	西都市農業委員会	①農業委員会
218		鹿児島県	姶良市	姶良市農業委員会	①農業委員会

●平成28年度（第9回）．24件（No.219～242）

No.	賞　名	都道府県	市町村	組　織　名	活動主体分類
219	農林水産大臣賞	長野県	上田市等	有限会社 信州うえだファーム（JA出資型）	②農業法人･農業参入企業
220	農村振興局長賞	岩手県	遠野市	遠野市農業委員会	①農業委員会
221	全国農業会議所会長特別賞	静岡県	浜松市	株式会社 とぴあふぁー夢（JA出資型）	②農業法人･農業参入企業
222		熊本県	熊本市	有限会社 寺本果実園	②農業法人･農業参入企業
223	全国農業会議所会長賞	山形県	鶴岡市	株式会社 あつみ農地保全組合（JA出資型）	②農業法人･農業参入企業
224		埼玉県	宮代町	宮代町農業委員会	①農業委員会
225		静岡県	静岡市	株式会社 鈴生	②農業法人･農業参入企業
226		新潟県	小千谷市	株式会社 イチカラ畑	②農業法人･農業参入企業
227		石川県	穴水町	株式会社 OkuruSky（オクルスカイ）	②農業法人･農業参入企業
228		鹿児島県	南大隅町	南大隅町耕作放棄地解消推進協議会／南大隅町鳥獣害防止協議会	③その他
229	全国農業新聞賞	茨城県	つくば市	つくば市農業委員会	①農業委員会
230		栃木県	さくら市	株式会社 タカノ農園	②農業法人･農業参入企業
231		群馬県	高崎市	株式会社 フルーツオンザヒル	②農業法人･農業参入企業
232		千葉県	富津市	株式会社 百姓王	②農業法人･農業参入企業
233		山梨県	市川三郷町	株式会社 桑郷	②農業法人･農業参入企業
234		福井県	越前町	たいら転作組合	③その他
235		京都府	京丹後市	農事組合法人 日本海牧場	②農業法人･農業参入企業
236		大阪府	豊能町	牧農空間活性化協議会	③その他
237		兵庫県	淡路市	有限会社 芝床重機	②農業法人･農業参入企業
238		兵庫県	太子町	太子町農業委員会	①農業委員会
239		山口県	周防大島町	久賀地区（畑能庄）樹園地再編整備推進組合	③その他
240		徳島県	阿南市	株式会社 エイノー	②農業法人･農業参入企業
241		香川県	高松市	株式会社 キウイボム	②農業法人･農業参入企業
242		宮崎県	川南町	川南町農業委員会	①農業委員会

●平成29年度（第10回）．20件（No.243～262）

No.	賞　名	都道府県	市町村	組　織　名	活動主体分類
243	農林水産大臣賞	長崎県	松浦市	松浦市農業委員会	①農業委員会
244	農村振興局長賞	長野県	信濃町	農業生産法人 株式会社ファームかずと	②農業法人･農業参入企業
245	全国農業会議所会長特別賞	秋田県	藤里町	藤里町農業委員会	①農業委員会
246		熊本県	山鹿市	株式会社 あつまる山鹿シルク	②農業法人･農業参入企業
247	全国農業会議所会長賞	岩手県	八幡平市	八幡平市農業再生協議会	③その他
248		静岡県	島田市	株式会社 ハラダ製茶農園	②農業法人･農業参入企業
249		福井県	南越前町	有限会社 リトリート田倉	②農業法人･農業参入企業
250		滋賀県	東近江市	有限会社 永源寺マルベリー	②農業法人･農業参入企業
251		大阪府	箕面市	一般社団法人 箕面市農業公社	③その他
252		香川県	土庄町	土庄町	③その他
253	全国農業新聞賞	宮城県	栗原市	栗原市農業委員会	①農業委員会
254		栃木県	宇都宮市	株式会社 育（そだつ）くんファーム	②農業法人･農業参入企業
255		千葉県	多古町	多古町粗飼料生産組合	③その他
256		山梨県	甲斐市	甲斐市農業活性化協議会	③その他
257		岐阜県	恵那市	有限会社 東野	②農業法人･農業参入企業
258		新潟県	妙高市	有限会社 かんずり	②農業法人･農業参入企業
259		石川県	小松市	小松市農業委員会	①農業委員会
260		兵庫県	佐用町	真盛薬楽園	③その他
261		愛媛県	大洲市	樫谷（かしだに）棚田保存会	③その他
262		鹿児島県	指宿市	株式会社 カマタ農園	②農業法人･農業参入企業

資料3　活動主体分類別上位受賞組織の活動状況一覧（会長賞以上、受賞年度現在実績）

No.	資料1 No.	受賞年度	活動主体分類別	組織名	活動農業地域区分				活動年数（年）	耕作放棄地解消面積（ha）	活動目的・内容別取組事項（○印） 地域農業再生振興関連						地域環境整備関連				地域再生・活性化関連					
					山間	中間	平地	都市			A	B	C	D	E	F	G	H	I	J	K	L	M	N	O	P
1	1	20	①農業委員会	天童市農業委員会			○		29	26.7		○														
2	3	〃	①農業委員会	あわら市農業委員会		○			3	32.5	○	○														
3	5	〃	①農業委員会	秦野市農業委員会		○			7	…	○				○			○								
4	9	〃	①農業委員会	観音寺市農業委員会	○				16	…	○					○		○								
5	10	〃	①農業委員会	太良町農業委員会	○				4	…																
6	32	21	①農業委員会	斑鳩町農業委員会				○	4	4.0		○	○						○					○		
7	33	〃	①農業委員会	臼杵市農業委員会		○			4	33.0	○											○				
8	34	〃	①農業委員会	山田町農業委員会	○				3	1.0	○											○				
9	36	〃	①農業委員会	砺波市農業委員会		○	○		5	4.0																
10	38	〃	①農業委員会	城陽市農業委員会				○	6	3.0		○									○		○			
11	55	22	①農業委員会	五島市農業委員会	○	○			3	103.5	○	○	○	○	○											
12	57	〃	①農業委員会	掛川市農業委員会			○		2	30.0	○	○	○								○			○	○	
13	58	〃	①農業委員会	立山町農業委員会	○	○	○		10	22.0	○								○							
14	64	〃	①農業委員会	東村農業委員会		○			4	56.1	○	○														
15	89	23	①農業委員会	小矢部市農業委員会		○	○		4	8.1		○					○					○		○		
16	90	〃	①農業委員会	東かがわ市農業委員会	○	○			8	28.0	○	○	○													
17	93	〃	①農業委員会	袋井市農業委員会			○		7	29.0	○				○											
18	96	〃	①農業委員会	名護市農業委員会		○	○		3	28.2	○	○														
19	113	24	①農業委員会	葛巻町農業委員会	○				15	63.3	○	○	○		○						○	○				
20	117	〃	①農業委員会	深川市農業委員会		○	○		3	*	○															
21	145	25	①農業委員会	宮古島市農業委員会			○		5	134.9	○	○	○			○								○		
22	148	〃	①農業委員会	住田町農業委員会	○				7	47.7	○							○	○			○		○		○
23	149	〃	①農業委員会	前橋市農業委員会	○	○	○		4	18.3	○			○												
25	152	〃	①農業委員会	荒尾市農業委員会				○	3	42.7	○								○							
25	169	26	①農業委員会	島田市農業委員会	○	○	○	○	5	30.7	○	○	○				○				○	○		○		
26	171	〃	①農業委員会	久慈市農業委員会	○	○			9	12.9	○	○	○						○			○			○	
27	173	〃	①農業委員会	鹿沼市農業委員会			○		3	5.6	○								○							
28	175	〃	①農業委員会	新潟市西区農業委員会			○	○	5	35.7	○			○	○											
29	176	〃	①農業委員会	京田辺市農業委員会		○		○	11	1.9		○	○	○												
30	178	〃	①農業委員会	うるま市農業委員会			○		4	50.0	○								○			○				
31	189	27	①農業委員会	弘前市農業委員会	○	○	○		3	84.4	○															
32	220	28	①農業委員会	遠野市農業委員会	○	○			10	109.9	○		○						○							
33	224	〃	①農業委員会	宮代町農業委員会			○		14	7.6	○			○	○											
34	243	29	①農業委員会	松浦市農業委員会	○	○			10	60.4	○	○	○	○	○											
35	245	〃	①農業委員会	藤里町農業委員会	○	○			5	11.4	○				○											
36	35	21	②農業法人・農業参入企業 農事組合法人	鼻毛石機械利用組合		○			4	5.0	○					○										
37	39	〃	②農業法人・農業参入企業 農事組合法人	赤田営農センター		○			14	4.0	○					○										
38	92	23	②農業法人・農業参入企業 農事組合法人	新里営農組合			○		3	4.9	○					○										
39	118	24	②農業法人・農業参入企業 農事組合法人	大里ファーム		○			3	10.9	○		○													
40	147	25	②農業法人・農業参入企業 農事組合法人	福の里	○	○			7	2.4	○						○					○		○		
41	193	27	②農業法人・農業参入企業 農事組合法人	新里営農組合			○		7	8.0	○					○										
42	195	〃	②農業法人・農業参入企業 農事組合法人	新庄わいわい楽舎	○	○			9	3.2		○		○				○				○			○	
43	196	〃	②農業法人・農業参入企業 農事組合法人	田原	○	○			4	16.9	○	○	○									○				
44	222	28	②農業法人・農業参入企業 会社法人	農家1戸1法人 （有）寺本果実園		○	○		21	10.6	○	○								○			○			
45	62	22	②農業法人・農業参入企業 会社法人 JA出資型農業法人	(株)ふあーみんサポート東はりま		○			3	38.0	○		○	○					○							
46	191	27	②農業法人・農業参入企業 会社法人 JA出資型農業法人	(株)ふあーみんサポート東はりま		○			7	39.6	○		○	○												
47	194	〃	②農業法人・農業参入企業 会社法人 JA出資型農業法人	JAアグリサポートかほく		○			4	25.3	○					○										
48	219	28	②農業法人・農業参入企業 会社法人 JA出資型農業法人	(有)信州うえだファーム	○	○	○		7	10.1	○	○	○	○	○						○	○		○		
49	221	〃	②農業法人・農業参入企業 会社法人 JA出資型農業法人	(株)とぴあふぁー夢				○	6	6.8	○	○	○	○	○											
50	223	〃	②農業法人・農業参入企業 会社法人 JA出資型農業法人	(株)あつみ農地保全組合	○	○			4	9.3	○	○														

No.	資料1 No.	受賞年度	活動主体分類別			組織名	活動農業地域区分 山間	中間	平地	都市	活動年数(年)	耕作放棄地解消面積(ha)	地域農業再生振興関連 A	B	C	D	E	F	地域環境整備関連 G	H	I	J	地域再生・活性化関連 K	L	M	N	O	P
51	4	20	②農業法人・農業参入企業	会社法人	農業参入企業法人	(株)杤産業		○			3	29.0	○	○														
52	8	〃				(有)類農園		○			9	6.0	○			○								○				
53	30	21				(有)FKファーム	○				6	44.0	○	○	○												○	
54	56	22				(株)和仁農園	○				8	1.6	○	○					○			○		○			○	
55	60	〃				(株)じょうえつ東京農大		○			5	9.9	○	○										○			○	
56	61	〃				(株)スギヨ		○			4	10.2	○	○								○						
57	87	23				(有)岡野農場	○	○	○		8	89.0	○	○													○	
58	88	〃				合同会社福相農園	○				5	27.4	○	○	○													
59	114	24				(有)恵那栗	○	○			8	13.2	○	○														
60	121	〃				(株)かわばた	○				8	9.9	○													○		
61	144	25				(株)かまくら屋	○	○	○		4	25.0	○	○						○					○		○	
62	146	〃				合同会社 大地	○				3	34.3	○	○								○					○	
63	150	〃				(株)知久			○		8	14.2	○	○		○											○	
64	170	26				(株)三窪建設		○		○	6	18.5	○		○				○									
65	188	27				(株)神門		○			3	159.0	○		○													
66	190	〃				(有)コスモグリーン庭好	○	○	○	○	6	8.5	○		○												○	
67	225	28				(株)鈴生			○	○	8	9.9	○			○	○										○	
68	226	〃				(株)イチカラ畑		○			6	24.3	○	○													○	
69	227	〃				(株)オクルスカイ		○			12	5.3	○		○									○		○	○	
70	244	29				(株)ファームかずと		○			8	24.3	○	○													○	
71	246	〃				(株)あつまる山鹿シルク	○	○			3	25.0	○	○													○	
72	248	〃				(株)ハラダ製茶農園	○	○	○	○	7	18.5	○	○										○				
73	249	〃				(有)リトリート田倉	○				22	1.6	○	○														
74	250	〃				(有)永源寺マルベリー		○			13	7.0	○	○	○					○							○	
75	31	21	③その他	市町村		小豆島町	○	○			7	29.0	○	○			○				○					○		
76	252	29				土庄町	○	○			8	5.3	○	○			○				○					○		
77	115	24		耕作放棄地対策協議会等		御前崎市協議会(略称)		○	○		5	73.0	○	○			○										○	
78	120	〃				京丹後市協議会〃		○			6	14.3	○								○					○		
79	122	〃				三豊市協議会〃			○		3	71.0	○	○			○										○	
80	228	28				南大隅町協議会〃	○	○	○		5	6.0						○		○	○						○	
81	247	29				八幡平市協議会〃	○	○			8	13.0	○	○	○												○	
82	63	22		農業公社	市町村	(有)綾歌南部農業振興公社	○	○			4	17.3	○	○														○
83	95	23				(有)やくの農業振興団	○	○			3	0.7	○	○												○	○	
84	197	27				(公財)善通寺市農地管理公社			○	○	16	2.8	○	○	○	○												
85	251	29				(一社)箕面市農業公社				○	4	2.1	○											○				
86	119	24				町田市農地利用集積円滑化団体				○	3	6.0				○	○									○		
87	174	26				いるま野農業協同組合			○		3	0.8	○			○												
88	2	20		NPO法人		ゆうきの里東和ふるさとづくり協議会		○			3	47.8	○				○							○		○	○	○
89	7	〃				田原菜の花エコネットワーク			○		3	…							○		○							
90	59	22				菜の花トラストin横浜町		○			8	18.5							○		○			○				
91	192	27				社会福祉法人 平成会		○			7	11.8	○	○											○			
92	172	26				一般社団法人 月誉平栗の里		○			3	4.0	○		○						○						○	
93	94	23		任意組織	集落営農等	馬場共同機械利用組合		○			3	6.0	○	○														
94	151	25				丹土鶴谷放牧組合	○				10	1.6						○	○									
95	177	26				多度津オリーブ部会		○	○	○	4	5.7	○		○												○	
96	6	20		(任意)	地域住民組織	五箇山実行委員会(略称)	○				8	…	○	○					○							○		
97	37	21				上久堅地区農業振興会議		○			10	5.0	○	○						○				○			○	
98	91	23				小和瀬農村環境保全協議会			○		5	5.6	○						○					○		○		
99	116	24				陣場台地研究委員会		○			6	20.8	○		○		○				○						○	
100	153	25				花いっぱい運動推進グループ		○			6	11.6							○		○			○			○	

注)「活動目的・内容別取組事項」

●地域農業再生振興関連:A→農地利用集積、B→地域特産物導入、C→新規作物導入、D→担い手育成、E→新規農業参入、F→飼料生産・放牧

●地域環境整備関連　:G→土地·水保全管理、H→鳥獣害防止、I→景観維持·形成、J→その他(農業·農村の多面的機能発揮)

●地域再生・活性化関連:K→市民農園、L→食育・農業体験・学校農園、M→農福連携、N→観光・都市農村交流、O→6次産業化(農商工連携)、P→その他

*)深川市農業委員会→耕作放棄地解消面積なしで、発生防止面積が18.4ha

■著者紹介

井上 和衛（いのうえ・かずえ）

明治大学名誉教授、博士（経営学）

■略歴

東京教育大学農学部卒業、㈶労働科学研究所勤務・同社会科学研究部長、明治大学農学部教授・同農学部長を経て明治大学名誉教授。全国農業会議所・全国農業新聞主催「耕作放棄地発生防止・解消活動表彰事業」中央審査委員会会長、現在、日本農業経済学会名誉会員、㈶都市農山漁村交流活性化機構理事、オーライ！ニッポン会議運営委員等。

■主著

『農業「近代化」と農民』（労研出版部）、『都市化と農業公害』（労研出版部）、『農業労働科学入門』（筑波書房）、『農民層分解と農村住民』（共著「講座・今日の日本資本主義８」所収、大月書店）、『農家労働力の農外就業構造』（共著「日本農業再編の戦略」所収、柏書房）、『環境保全型農業へ挑戦』（筑波書房）、『日本型グリーン・ツーリズム』（都市文化社）、『農村再生への視角』（筑波書房）、『高度成長期以後の農業・農村（上・下）』（筑波書房）、『条件不利地域農業～英国スコットランド農業と農村開発政策～』（筑波書房）、『都市農村交流ビジネス』（筑波書房）、『教育ファーム』（筑波書房）、『グリーン・ツーリズム～軌跡と課題～』（筑波書房）等。

全国農業図書ブックレットNo.14
いまこそ、農地をいかしてめざそう地域の活性化
ー農地利用最適化にむけた「遊休農地対策の優良事例」に学ぶー

平成31(2019)年2月　発行　　　定価:本体価格673円+消費税

編　:井上　和衛
発行:全国農業委員会ネットワーク機構
一般社団法人 全国農業会議所

〒102-0084 東京都千代田区二番町9-8
(中央労働基準協会ビル2階)
電話　03-6910-1131
全国農業図書コード　30-25